__________________ 드림

엄마는
아이의
사춘기가
두렵다

엄마는
아이의
사춘기가
두렵다

초판 1쇄 인쇄 2015년 4월 8일
초판 1쇄 발행 2015년 4월 15일

지은이 조덕형

발행인 장상진
발행처 (주)경향비피
등록번호 제2012-000228호
등록일자 2012년 7월 2일

주소 서울시 영등포구 양평동 2가 37-1번지 동아프라임밸리 507-508호
전화 1644-5613 | **팩스** 02) 304-5613

ⓒ 조덕형

ISBN 978-89-6952-066-1 13590

· 값은 표지에 있습니다.
· 파본은 구입하신 서점에서 바꿔드립니다.

엄마는

아이의 사춘기가 두렵다

조덕형 지음

경향BP

저는 중2 여자아이, 6학년 남자아이를 둔 아빠인 동시에 아동·청소년의 재능을 찾아주고 인재를 양성하는 킹메이커연구소 소장입니다. 사춘기 아이들과 부대끼면서 웃기도 울기도 하면서 하루하루를 보내고 있어요. 아이들은 저와 마음을 나누면 가슴이 뻥 뚫린다고 제게 '중2 킬러'라는 별명을 붙여주었답니다.

시험이 코앞인데 스마트폰만 들여다보고 있고, 학원도 빠지고 친구들과 놀다 늦게 들어오고, 따뜻하게 입으라는 한마디에 상관 말라며 소리를 빽 지르고… 사춘기 아이와 매일 전쟁을 치르는 부모들이 많아요. 맘대로 안 되는 것이 자식이라 하지요? 다음에는 그러지 않겠노라 다짐해도 사춘기 아이와 미주치는 상황이 닥치면 화가 치솟는다고요? 어떤 때는 죽이고 싶을 정도로 미울 때도 있고요. 사춘기 아이를 둔 부모라면 누구나 공감할 거예요.

'중2병'이라는 단어는 어느덧 사춘기의 정점인 중학교 2학년을 대표(?)하는 말이 되어버렸어요. 그 단어 속에는 '중2니까 어쩔 수 없지.'라는 생각이 담겨 있지 않을까요? 정체성을 찾느라 혼란스러워하는 아이를 '사춘기는 금방 지나갈 거야.' 하며 방치하고 있지는 않나요?

누구도 피해갈 수 없는 사춘기. 나의 아버지도, 나도 거쳤으며 이제 우리 아들,

딸들이 지나고 있습니다. 어떻게 하면 아이가 조금 더 수월하게 사춘기를 보낼 수 있을까요? 인생 선배이기도 한 부모의 역할은 무엇일까요?

"아이가 학교에서 돌아오더니 인사도 하는 둥 마는 둥 하고 자기 방에 쏙 들어가버려요."

"문 잠그는 소리가 그렇게 서운할 수가 없어요. 사실 들어갈 마음도 없는데 울컥하더라고요."

"중학교 2학년 아들아이와 하루 동안 나눈 대화는 단 두 마디뿐이에요."

부모는 아이의 사춘기를 대비해야 합니다. 아이가 지금 사춘기를 겪고 있다 해도 늦지 않았어요. 아이가 사춘기를 잘 보낼 수 있도록 그동안 사춘기 아이들을 대하며 느낀 바를 책에 담았습니다. 사춘기 아이를 둔 부모로서, 사춘기 아이를 가르치는 선생으로서 후배 부모들에게 하고 싶은 말들이랍니다.

사춘기는 아이가 겪는 게 맞아요. 부모가 대신 겪어줄 수 없지요. 다만 혼란스러워하고 힘들어하는 아이에게 도움을 줄 수는 있습니다. 모든 걸 나서서 해주라는 뜻이 아니에요. 인생 선배로서 아이를 사랑하는 부모로서 다가가는 겁니다. 하루아침에 달라지기는 힘들어요. 그렇지만 겁먹지 마세요. 아이를 사랑하는 마음만 있다면 문제없으니까요. 아이들을 이끄는 부모, 변화의 중심에 있는 아이들 모두에게 이 책이 도움이 되었으면 합니다.

조덕형

chapter 04

사춘기, 아이 옆에서 응원하는 부모

chapter 05

사춘기, 부모도 아이만큼 힘들다

Chapter 01

"사춘기,
내 아이에게
찾아온 봄"

01

중2병은
불치병이 아니다

한 번도 가본 적이 없는 인생길이기에 누구나 선택 앞에서 망설이기 마련이다. 칠흙같이 어두운 인생길 때문에 막막할 때도 있다. 인생 선배들의 조언에 힘입어 자신 있게 앞날을 계획하고 싶지만 마음만큼 쉽지 않다. 자식을 키우는 것이 마음대로 되지 않는다고들 한다. 당연한 고민이다. 본인 앞길도 모르는데 어떻게 자녀의 앞날을 보장하고 장담할 수 있겠는가.

부모는 자녀의 사춘기를 준비해야 한다. '나도 무사히 지나갔으니 내 아이도 감기처럼 지나가겠지.'라고 안일하게 생각해서는 안 된다. 이는 배고픈 시절에 아이를 키운 우리 부모 세대에게 통하는 이야기이지 21세기는 다르다. 지금 학부모들은 좋은 환경에서 하고 싶은 바를 누리며 살

왔다. 자녀도 많아야 2명이다. 애지중지 키운 자녀가 청소년이 되고, 이른바 '중2병'이 찾아오면 학부모는 충격에 빠진다. 이 아이가 착한 내 아이가 맞나 싶다. 오죽하면 '병'이라고 할까.

부모는 자녀가 사춘기에 접어들기 전에 마음의 준비를 해야 한다. 사춘기 자녀를 감당 못한 부모가 자신의 감정을 분출하기라도 하면 폭언이 난무하는 가정이 될지도 모른다. 어쩌면 폭력까지 이어질지도…. 한 번의 어긋남으로도 아이는 큰 상처를 받는다. 사춘기의 어긋난 기억으로 사랑하는 자녀와 관계가 틀어질 수도 있다. 자식 잘돼라 희망하는 부모는 있어도 자식 안 돼라 희망하는 부모는 없을 것이다.

자식이 있다고 모두 '부모'라 할 수 있을까?

어느 날 내가 지도하던 중학교 2학년 여자아이가 울면서 뛰어왔다. 아이는 울부짖으며 내게 외쳤다.

"선생님, 어떻게 저런 사람들이 제 부모인지 모르겠어요. 낳아주면 다 부모인가요? 저를 그냥 내버려두면 좋겠어요. 언제부터 부모였다고 저러는지 모르겠어요. 욕하고 때리고…. 다른 사람들 앞에서는 좋은 엄마, 좋은 아빠인 척…. 정말 지긋지긋해요."

혼잣말처럼 내뱉는 아이의 말이 내 마음을 아프게 했다. 나는 아이를 붙잡고 같이 울어주는 수밖에 없었다. 사춘기의 아이들은 부모를 미워할 수밖에 없는 것일까? 부모와 아이의 관계가 틀어지지 않고 무사히 지나갈 수는 없을까?

준비는 빠르면 빠를수록 좋다. 아이가 3세가 되면서부터 부모는 아이의 사춘기를 준비해야 한다. 3세부터 18세까지 부모는 아이가 홀로서기를 할 수 있도록 도와주어야 한다. 그러기 위해서는 '부모다운 부모'가 되어야 한다. 가정을 꾸리고 아이가 첫울음을 터트릴 때부터 부모가 되는 것일까? 부모도 아이와 함께 성장해야 한다는 마음가짐이 필요하다.

이제 막 사춘기에 접어든 아이들의 심리 상태를 항시 살펴보아야 한다. 어린이와 어른의 중간 단계인 아이들, 몸은 급격히 성장하는데 정신은 그 속도만큼 성장하지 못한다. 혹여 또래친구와 어울리려다 하고 싶지 않은 일에 휩쓸릴 수도 있다. 이유야 어찌됐든 행동에 대한 결과는 아이 본인이 책임져야 한다. 혼란을 겪는 아이의 마음을 보듬어주는 게 부모의 역할이다.

소위 '문제아'로 낙인찍힌 아이들을 만나서 이야기해본 적이 있다. 막상 이야기를 나누어보니 그 또래아이들과 별반 다를 게 없었다. 다만 무리를 이루기만 하면 다른 에너지가 발생했다. 사춘기 아이들은 군중심리에 의해 잘못된 결정을 내리는 경우가 많다. 청소년 심리 전문가의 도움이 필요한 순간이다. 숙련되지 않은 사람이 다듬어지지 않은 돌을 다듬어보겠다고 정으로 내리치면 돌은 쪼개지고 만다. 전문가들은 어디를 정으로 쳐야 제대로 된 원하는 모습이 나오는지 오랜 경험과 지식을 통해서 알고 있다. 아이의 사춘기를 무사히 넘기는 게 더 중요하다면 도움을 요청하는 걸 주저하지 말자.

부모가 먼저 모범을 보여라

나는 사춘기 아이를 둔 부모에게 먼저 진지함을 찾으라고 조언한다.

우리의 현주소는 서로에 대한 배려와 존중이 부족한 사회다. 아이가 부모의 모습을 보고 배울 수 있도록 부모가 몸소 배려와 존중을 행해야 한다. 사춘기 아이의 말을 진지하게 들어주고 부모로서 제 역할을 다하려는 모습을 보여주자. 아이들은 그러한 부모의 모습을 세상 살아가는 지표로 삼을 것이다.

심하게 아픈 사춘기를 보내는 아이도 있고 지나갔는지도 모르게 사춘기를 보내는 아이도 있다. 아이의 성향도 성향이지만 부모의 역할이 크다. "아이가 사춘기인가 봐요."라는 타인의 말을 듣고서야 자녀에게 사춘기가 왔음을 깨달으면 안 된다. 늦지 않았다. 이제부터라도 준비하자.

중학교 2학년은 사춘기의 최고 절정기라 할 수 있다. 중학교 2학년 자녀를 둔 부모라면 '전쟁을 진두지휘하는 전략가'라는 마음가짐을 가져야 한다. 정확한 판단과 객관적 직시가 필요하다. 막연한 부모 역할로는 아이의 사춘기를 이겨내기가 버겁다. 사춘기를 보내는 내 아이가 '무엇을, 어떻게, 왜' 해야 할지 부모 먼저 배우고 아이를 이끌도록 하자.

아이와 함께 부모도 성장한다.
부모는 사춘기 아이에게 '모범 어른'이 되어야 한다.

엄마도 사춘기
여중생이었다

부모가 생각하는 '이상적인 자녀'라 하면 어떤 아이일까? 부모의 뜻대로 따라주는 아이? 아니면 스스로 척척 해내는 아이? 그래도 한 가지 분명한 건 아이를 사랑하는 마음은 어느 세대의 부모든 한결같다는 것이다.

나는 청소년 무리에서 사춘기의 정점인 중학교 2학년을 찾아보라고 하면 단박에 찾아낼 수 있다. 얼굴에 '나 사춘기니까 건드리지 마세요.' 써 붙이기라도 한 것처럼 티가 나기 때문이다. 재미있는 점은 여자아이든 남자아이든 머리 스타일이며 옷 스타일도 비슷하다는 점이다. '중2병'이라는 단어가 생길 정도로 요즘 아이들이 유별난 걸까?

사춘기 자녀를 둔 부모라면 자신의 사춘기 시절을 한번 떠올려보자.

튀는 옷을 입은 친구, 요상한 헤어스타일을 한 친구… 소위 '날라리'라고 불리는 친구들이 있었다. 당시에는 어른스럽고 멋지다고 생각했던 패션이 지금 생각하면 부끄럽기 짝이 없다. 반항을 자유라고 착각한 게 아닐까 싶다. 당시 어른들이 탈색한 머리를 하고 튀는 옷차림을 한 채 껄렁한 태도를 보이는 '날라리'를 걱정하는 모습이 지금의 '중2병'을 걱정하는 우리네 모습과 닮았다. 21세기가 되어도 어른이 사춘기 아이를 바라보는 시선은 매한가지다.

하얗게 화장한 얼굴에 빨갛게 입술만 바른다고 화장을 잘하는 게 아니며 눈에 거슬릴 정도로 튀는 옷차림이 옷을 잘 입는 게 아닐 텐데 정작 중2 아이들은 모른다. 오히려 부모의 패션을 타박한다.

"엄마, 머리가 그게 뭐예요. 촌스럽게…."

"아빠, 그렇게 옷 입고 다니면 같이 안 다닐 거야."

사춘기 아이들을 바라보는 시각을 조금 달리할 필요가 있다. '아이는 아이일 뿐이죠.'라고 대수롭지 않게 생각하면 안 된다. 옷 입는 센스나 화장법을 가르쳐주라는 말이 아니다. 부모가 아닌 사춘기를 먼저 겪은 선배로 다가가자. 어렵지 않다. 유행을 좇고 친구 말에 껌뻑 죽는 건 예나 지금이나 똑같다.

사서 걱정하지 말라

어느 봄날, 연구소 근처 카페에서 커피를 마시며 일행을 기다리고 있었다. 옆 테이블에는 어머니들이 모여서 담소를 나누고 있었다. 한창 열을 올리고 말하는 모습이 인상 깊어서 무슨 이야기를 하는지 가까이 가서 들어보았다. 중학교 2학년 아이를 둔 어머니들의 모임인 듯했다. 치마가 더 짧아졌다는 둥 디팡(디스코 팡팡의 줄임말)을 타러 멀리까지 간다는 둥 성적이 떨어져 고민이라는 둥 말을 안 들어 속상하다는 둥 입을 모아 앓는 소리를 한다.

가만히 들어보니 모두 내가 지도하는 아이들이었다. 어머니들의 걱정이 너무 앞서간다는 생각이 들었다. 나는 슬쩍 이야기판에 끼어들었고, 즉석으로 중학교 2학년 고민 토론장이 열렸다. 어머니들의 걱정을 듣고 난 후 나는 질문을 던졌다.

"어머님들, 사춘기 때 가방 속에 미니스커트 하나씩 넣어가지고 다니지 않으셨어요?"

까르르 웃음이 터진다. 나는 어머니들에게 사춘기의 한 단편일 뿐이니 걱정하지 말라고 말했다. 심각하게 생각할 문제가 아니다. 어머니들이 가방 속에 미니스커트를 챙겼듯이 아이들도 그저 왕성한 혈기를 발산하고 싶어할 뿐이다. 본인의 사춘기 시절을 떠올려보라고….

너무 심각해지지 말자. 문제를 회피하라는 말과는 다른 말이다. 문제를 일부러 만들 필요는 없다는 뜻이다. 부정적인 면만 찾으려 하면 부정적인 면만 보인다. 아이의 긍정적인 면만 바라보도록 노력하자.

감정에 충실한 아이들

중학교 2학년 아이들은 꿈도 많고 하고 싶은 일도 많다. 아이들이 하는 말을 듣다가 '어디서 저런 생각들이 나오는 걸까?' 하고 감탄한 적이 셀 수 없이 많다. 아이들을 상담하다 보면 오히려 내 자신이 치유되는 느낌이 들 때가 있다.

아이들의 멈출 것 같지 않은 에너지 발산은 시간이 흐르면 점점 줄어든다. 현실이라는 무대에서 인생의 무게를 배우게 되는 것이다. 부모들은 아이가 앞으로 느낄 인생의 무게를 조금이라도 빨리 줄여주고 싶다. 어떻게 살면 아이에게 좋을지 먼저 살아본 인생 선배로서 아이가 시행착오를 줄이게끔 도움을 주고 싶은 마음에서다. 그렇지만 애초에 인생의 무게를 대신 짊어진다는 건 어불성설이다.

너무 큰 나무 아래에서는 작은 나무가 잘 자랄 수 없다. 늘 그림자에 가려 햇빛을 보지 못하기 때문이다. 사람도 마찬가지다. 부모라는 큰 나무 그림자에 머무르면 연약한 나무로 자랄 수밖에 없는 법이다. 아이들은 부모의 그림자에서 벗어나기 위해 거세게 발버둥 친다. 이때 부모는 '아하, 사춘기가 왔구나. 이제 홀로서기를 위해 준비해야겠구나.' 하고 재빨리 알아차려야 한다.

사춘기를 겪지 않는 아이는 없다. 문제는 사춘기를 힘들게 넘길 것이냐 아니면 조금 덜 힘들게 넘길 것이냐이다. 인생 선배로서 알려주고 싶은 것이 많을 것이다. 하지만 준비가 되어 있지 않은 아이에게 무작정 부모의 경험을 알려주려 하면 안 된다. 조급한 마음에 다그치면 거부할 게 분명하다. 사춘기 아이가 무서운 이유는 감정에 충실하기 때문이다. 그냥 이유 없이 만사가 귀찮고 싫으며 흥미도 없다. 아주 특별한 아이가 아니고서야 대부분의 아이는 장래의 꿈을 아직 찾지 못했다. 이런 아이들에게 '부모의 경험과 지식'을 먹인다면 소화시키지 못해 탈이 날 것이다.

아이들은 예민하다. 가식인지 아닌지 금방 눈치챈다. 심지어 가식인지 알면서도 모르는 척 넘어가주기도 한다. 오히려 도저히 받아들일 수 없다며 삐딱선을 타는 게 솔직한 것일지도 모른다. 청소년기 한순간의 잘못된 판단으로 인생을 망친 어른의 사례를 부모는 무수히 들었다. 그렇지만 아이를 믿고 조급해하지 말자.

부정적인 면만 찾으려 하면 부정적인 면만 보인다.
긍정적인 면만 바라보도록 노력하자.

03

아이를 위해 고민하고
또 고민해라

대한민국은 100년도 안 되는 기간에 눈부신 성장을 해냈다. 외적인 화려함 이면에는 병폐도 있다. 가시적인 성장만큼 내적인 성장은 자라지 못했기 때문이다. 실제로 내가 만난 부모 중에는 아이보다 못한 부모도 있었다. 잘못에 대한 깊은 성찰은커녕 인정할 수 없다며 분노를 표출하는 부모도 있었다.

연구소 사무실에서 업무를 보고 있었다. 날이 어둑어둑해질 무렵이었다. 갑자기 사무실 문을 벌컥 열고 들어온 지도 선생님이 다급한 목소리로 어서 옥상에 가보자고 했다. 길게 말하지 않아도 무엇 때문인지 바로 알 수 있었다. 불량한 청소년들의 아지트는 주로 놀이터, 아파트 옥상, 상가 옥상이다. 연구소가 있는 상가도 예외는 아니었다. 전부터 불량한 아이들이 옥상에서 술판을 벌이며 떠드는 일이 종종 있었다. 소란스러움을 듣고 가보면 흔적만 있고 아이들은 도망친 후라서 예의 주시하고 있었다. 옥상과 통하는 두 개의 문 중 하나를 미리 잠가두고 다른 쪽 문을 벌컥 열었다.

가관이었다. 남자아이들과 여자아이들이 술판을 벌이고 신나게 놀고 있었다. 술병은 여기저기 굴러다니고 담배꽁초가 널려 있었다. 자기들이 해보고 싶었던 것을 마음껏 해보는 중이었던 모양이다. 우리가 나타나자 아이들은 순식간에 반대쪽 문으로 달려갔다. 미리 잠가두어 도망갈 수 없다는 걸 안 아이들은 거세게 반항했다.

"아저씨들 뭐예요? 우리 갈 거란 말이에요."

"아, 씨팔 뭐야. 왜 그러는 건데!"

여자아이들은 앙칼지게 쏘아붙였고, 남자아이들은 눈을 사납게 뜨고 험하게 외쳤다.

말이 통하지 않았다. 결국 경찰이 출동했고 함께 파출소로 갔다. 파출소에서 만난 아이들의 부모들은 태도가 제각각이었다. 어떤 부모는 모두 잘못 키운 제 탓이라며 고개 숙여 사과했고, 어떤 부모는 친구 잘못 만나 그렇지 내 자식은 잘못 없다며 역정을 냈다.

아이에게 문제가 생기면 눈앞의 문제만 해결하려 하지 말고 문제 해결 방식 자체를 검증해보아야 한다. 그래야만 문제 발생 시 합당한 해결책을 도출할 수 있다. 당장의 해결법을 찾는 데 급급해서는 안 된다. 부모가 먼저 솔선수범해야 한다. 아이의 인격이 성숙해지기 위해서, 아이의 더 나은 미래를 위해서 부모는 머리 싸매고 고민할 가치가 있다.

아이는 부모를 닮는다

아이들은 늘 부모를 주시하고 있다. 안 보는 척, 안 듣는 척하며 모두 보고 듣고 있다. 아이들이 궁지에 몰리게 되면 "엄마 아빠도 그랬잖아요. 그렇게 말하고 그렇게 행동했잖아요."라고 단박에 들이대고 나온다. 그럴 때마다 궁색한 변명으로 구렁이 담 넘어가듯이 넘어가지 않는가. '아차!' 하는 생각에 가슴이 뜨끔하기도 할 것이다.

내 아이에게 '무엇을 심어줄 것인가?'라는 고민은 일찍 하면 할수록 좋다. 부모에게는 일관적인 교육관이 필요하기 때문이다. 또한 교육관을 세우기 전에 인간을 올바르게 이해할 필요가 있다. 사람에 대한 이해 없이 올바른 교육관이 나올 수 없기 때문이다. 인간을 알고 존중하며 이를 바탕으로 하는 교육관으로 아이를 대해야 한다.

소중한 내 아이에게 모든 걸 해주고 싶은 마음이 들 수도 있다. 그러다 보니 자녀의 일에 지나치게 간섭하며 자녀를 과잉보호하는 엄마를 가리키는 '헬리콥터맘'이라는 말도 나왔다. 부모는 영원히 자식 곁에 있을 수 없다. 이제 막 사춘기에 접어든 아이에게도 이 사실을 알려주는 데서부터 아이의 홀로서기가 시작된다.

사춘기에 접어든 아이와 관계가 소원해졌다고 서운해하지 말자. 언젠가 부모의 사랑이 그리워지게 되면 그 소중함을 저절로 깨닫게 될 것이다. 지금은 사춘기 아이가 부모 마음을 몰라주고 자기 세상에 빠져 헤어나지 못할 것 같다. 그렇지만 아이 앞에서 끊임없이 사랑하는 모습을 보여준다면 이를 보고 자란 아이는 깨닫고 배우게 될 것이다. 아이들 앞에서 자연스러운 포옹과 스킨십을 보이자. 일부러라도 그런 모습을 보여주어야 한다. 행동은 말없는 언어라 하지 않는가. 일에 최선을 다하는 부모의 모습, 부지런히 일어나 아침식사를 준비해 가족 건강을 챙기는 모습 등 부모의 소소한 일상들이 모여 아이의 삶에 영향을 끼친다.

남자는 3번만 울어야 한다?

사랑하는 마음, 배려하는 마음이 있는 곳에는 불화가 있을 수 없다. 아픔이 아주 없을 수는 없다. 다만 사랑하는 마음은 그 아픔마저도 이겨내는 힘이 된다. 사춘기의 정점인 중2 아이들에게 사랑이 넘치는 모습을 보여준다면 그들은 사춘기를 잘 지나갈 수 있을 것이다.

아이들을 위해 언제 눈물을 흘려보았는지 생각해보자. 엄마들은 종종 눈물을 흘린다. 그렇다면 아빠들은 어떠한가? '남자는 태어나서 3번 운다.'라는 말이 있다. 눈물이 많은 남자는 나약하다고 생각해 아이들을 위해 눈물 흘려본 적이 없다고 답하겠는가. 아빠들이여, 이제부터는 아이를 사랑하니까 눈물을 흘린다고 생각해보자. 실제로 아버지의 눈물 한 방울로 많은 아이들이 달라진 걸 경험했다. 안 나오는 눈물을 억지로 짜내라는 게 아니다. 그만큼 감정 표현을 하라는 뜻이다. 말하지 않으면 그 마음을 알 길이 없다. 한국 남성들은 감정 표현에 서툴다. 아이를 위해서라도 이제는 달라져야 한다.

부모의 소소한 일상들이 모여
아이의 삶에 영향을 끼친다.

04

사춘기의 뇌는
업그레이드 중

사춘기가 되면 성장호르몬이 분비되어 남자아이는 더욱 남자다워지고 여자아이는 더욱 여자다워진다. 또한 아이의 마음은 변덕스러워서 장마철의 비처럼 이리 갔다 저리 갔다 휘몰아친다. '중2병'이라 불리는 모든 증상은 뇌의 활발한 활동에 의한 것이다. 첨단 의학 기술의 발달로 CT나 MRI 같은 기기로 사춘기의 뇌를 들여다볼 수 있다. 뇌의 비밀들이 하나둘 벗겨지면서 사춘기 아이들을 대뇌생리학적인 측면으로 보고자 하는 시도들도 있다.

중2의 뇌

중2 아이의 행동을 이해한다는 것이 쉬운 일은 아니다. 더구나 그들의 마음을 헤아린다는 것은 더욱 어렵다. 그렇다면 조금 쉬운 것부터 시작해보자. 인간의 신경계라든가 지식과 사고까지 모든 것을 관장하는 뇌를 이해해보자.

뇌과학자들은 청소년기 동안 그들의 뇌 안에서 엄청난 변화가 일어난다는 것을 알아냈다. 소아청소년정신과 전문의 김영화는 "청소년기에는 굉장히 많은 세포를 만들어내는 동시에 세포 연결의 15% 정도를 잘라낸다. 엄청난 양의 정보를 받아들이는 동시에 잃어버리는 것이다."라고 했다(『사춘기 뇌가 위험하다』해피스토리, 2011). 특히 억제와 충동 조절을 관장하는 전전두엽의 발달이 늦어 행동에 대해 예측하기가 어렵다고 한다. 중2 아이들이 어처구니없는 실수를 하는 이유도 여기에서 찾아볼 수 있다.

또한 중2 아이들은 이성적인 판단을 내리는 전두엽을 사용하는 것이 아니라 감성적인 판단을 내리는 편도체를 사용한다. 그렇기 때문에 사춘기 아이들은 어떤 정보가 주어졌을 때 감정적으로 상황을 판단해 오해하기도 한다. "너 뭐하니?" 혹은 "밥 먹었어?"라는 부모의 단순한 질문에도 쉽게 화를 내고 짜증을 낸다. 그럴 때 서로 화를 내며 얼굴을 붉히면 그 여파가 온 가족에게 전달된다. 목소리의 톤을 낮춘 채 차분하고 정확하게 의사를 전달해야 한다.

부모는 아이의 짜증에 감정을 조절하기가 쉽지 않다. 그럴 때 숨을 들이마시고 3초의 여유를 가져보자. 그러면 조금 더 부드럽게 말할 수 있다. 시간이 짧아 다른 생각을 할 수도 없고 할 필요도 없다. 호흡을 조절하면서 감정을 조절해보자. 나에게는 '삼숨'이라고 이름 붙인 노하우가 있다. 3초라는 시간도 기억하고 한숨의 삼촌뻘이라는 의미다. 감정이 막 터져 나오려 할 때 '삼숨!' 하고 호흡을 조절해보자. 사춘기 아이와 대화할 때뿐 아니라 대인관계에서도 큰 도움이 된다.

중2 뇌 성장에 맞는 부모의 역할

중2의 뇌는 많은 양의 정보를 빨리 받아들이고 처리할 수 있게끔 폭발적으로 성장한다. 이 시기에는 다양한 경로를 통해 정보를 습득하고 경험하도록 해주어야 한다. 영유아기와 마찬가지로 활발한 습득이 일어나는 사춘기를 '제2차 도약기'라고 한다. 부모는 사춘기 아이가 다양한 신체적·지적·감성적·영적 체험들을 할 수 있도록 도와주어야 한다.

건강한 먹거리를 제공하고 규칙적인 운동을 할 수 있도록 한다. 영양가 있는 음식은 신체 성장을 돕고 뇌혈류를 활발하게 해준다. 과거보다 다양한 익스트림 활동이 가능한 환경임에도 눈과 손가락 운동을 많이 한다. 아이가 몸을 움직여 에너지를 충분히 발산할 수 있게 하자.

사춘기 아이는 쉽게 주변 영향을 받기 때문에 감정적인 충족감을 가질 수 있도록 도와주어야 한다. 배려라는 게 무엇인지를 알려주어 성숙한 인격으로 자랄 수 있도록 이끈다. 이때 아이는 부모로부터 안정감을 느낄 수 있어야 한다.

부모는 자신의 사춘기를 떠올려보며 중2 아이와의 공감대를 형성하려는 시도를 할 필요가 있다. 아이들을 데리고 아내와 함께 친가에 갔을 때의 일이다. 집에 도착해서 저녁식사를 하고 부모님과 이야기를 하는데 그 옆에서 딸이 스마트폰만 들여다보며 낄낄거리고 있는 게 아닌가. 친구들과 자기들만의 세상을 누비는 모양이었다. 한마디 하지 않을 수 없어 스마트폰은 나중에 하고 할머니 할아버지와 다 같이 이야기하자고 했다. 아이의 안색이 변하더니 문을 쾅 닫고 방에 들어갔다. 너무 황당한 나머지 쫓아가서 조목조목 아이의 잘못을 따졌다. 어머니께서 마음이 불편하셨던지 아이를 혼내고 나온 내게 조용히 한마디 하셨다.

"너도 저 나이 때 그랬어."

충격이었다. 나는 어머니가 말씀하시기 전까지 나의 사춘기 시절을 잊고 있었다. 생각해보니 사춘기 때 나는 잘 알지도 못하면서 어른들 말씀에 꼬박꼬박 말대꾸했고, 때로는 부모님 가슴에 못질하는 말까지 서슴지 않았다. 잠깐 시간을 두고 나는 딸아이가 있는 방에 다시 들어가 깊은 대화를 나누었다. 부모가 자신의 사춘기를 기억하고 아이와 공감대를 형성하는 것은 사춘기인 아이를 이해하는 데 중요한 열쇠가 된다.

중2 아이의 뇌는 업그레이드 중이다. 성숙한 자아로 자라나기 위해 몸부림치는 중이라 시행착오가 생길 수밖에 없다. 그럴 때마다 아이들이 잘 자라고 있음을 확인하는 계기라고 생각하자. 다만 중2 아이들의 뇌를 이해한다고 해서 부모를 무시하고 조롱하는 말을 무턱대고 받아주어서는 안 된다.

자신의 사춘기를 떠올려보고
아이와 공감대를 형성해보자.

05
·····

중2 괴물은
어떻게 만들어지나

이 세상에서 가장 귀중한 것이 무엇이냐는 질문에 '생명'이라고 대답하는 사람들이 많을 것이다. 자신의 생명이건 타인의 생명이건 생명은 소중하다. 특히 나의 분신과도 같은 아이의 생명은 오죽하겠는가. 아이가 태어났을 때 얼마나 귀엽고 예쁘던지 깨물어주고 싶을 정도였다. 쌔근쌔근 자는 모습을 보며 날밤을 세운 적도 있다. 뒤집고 기기 시작하면 동작 하나하나가 그렇게 신기할 수 없었다. 일어서서 한 발을 내딛었을 때의 감격이 지금도 생생하다. 아장아장 걷는 아이와 매일 바깥나들이를 했다. 아이가 뛰면 '이제 다 컸구나.' 싶었다. 유치원에 가고 초등학교에 입학한다. 초등학교 3학년이 되면 이제 제법 생각할 줄도 알고 말도 어느 정도 문장구조에 맞게 말한다. 여기까지는 그래도 품 안에 있는 듯해서

괜찮다.

십대에 들어서는 4학년부터 독립적이 되고 에너지가 넘쳐나기 시작한다. 점점 말대꾸와 짜증이 늘고 말이 험해진다. 어떤 때는 하루 종일 방 안에 처박혀 있기도 하고 친구들과 노느라 해야 할 일을 하지 않을 때도 있다. 시간 약속을 지키지 않는 것은 너무 당연한 일이 되어버렸다. 스마트폰과 거울을 달고 다니고 친구들과 떼를 지어 다닌다. 그 외에도 나열하려면 끝도 없을 만큼 부모의 신경을 날카롭게 만드는 일들이 생겨난다. 부모의 날선 검과 같은 말들이 아이의 마음에 상처를 준다. 아이도 지지 않고 대든다. 결국에는 한 집에 있어도 말을 섞지 않거나 더 심한 경우에는 아이가 가출하기도 한다. 가출한 아이와 나눈 대화가 지금도 기억에 남는다.

"가출하니까 어때? 살 만하니?"

"일단 학교 안 가도 되고 잔소리도 듣지 않아도 돼서…그건 좋네요."

"엄마 아빠 보고 싶지 않아?"

"선생님, 저 엄마 아빠 때문에 집 나온 거예요. 잘 곳이 불편하고 돈이 없어서 그렇지 이렇게 지내는 것도 괜찮은데요. 알바해서 돈은 벌면 되고요."

"넌 광고도 안 보니? 집 나오면 개고생이라는데…."

아이는 한바탕 웃어버렸지만 대화하는 순간순간 만감이 교차하는 표정을 숨기지 못했다. 2012년에 여성가족부에서 일반집단과 위기집단을 구분해서 가출실태조사를 실시하였는데 일반 청소년의 경우 12.2%, 위기 청소년의 경우 72.8%의 비율로 가출한다는 결과가 나왔다. 우리가 만나는 일반 청소년 아이들 100명 중 12명은 가출을 했던 아이들이다. 또한 열악한 환경에 있거나 학교부적응 아이 100명 중 72명은 가출한다는 것을 보여준다. 통계에 의하면 중2에 가출 경험이 가장 많았다.

아이의 사춘기에 대비하라

부모는 아이가 십대가 되는 초등학교 4학년 전에 사춘기에 대비해야 한다. 대부분의 부모가 아이가 중2가 되어서야 전문기관을 찾아와 고민을 토로한다. 전문기관의 도움을 구하는 건 나은 편이다. 누구에게도 터놓지 않고 모두 끌어안고 끙끙 앓는 부모도 많다. '저러다 말겠지.' 하고 안일하게 생각할 수도 있다. 이는 부모의 오판이다. 아이의 시간은 한 번 흘러가면 되돌릴 수 없다.

그런데 더 큰 문제가 있다. '자기 나름대로'의 방식으로 중2 아이의 문제를 해결해보려고 하는 부모다. 간혹 성공하는 사람들도 있다. 그러나 '나름대로'의 방식으로 인해 있어서는 안 될 일이 발생하는 경우가 비일비재하다. 특히 자기감정에 충실한 부모, 교육을 좀 받았다는 부모, 자수성가한 부모에게서 이런 점이 많이 발견된다. 자기가 이루지 못한 소망을 아이에게 투영하거나 자기 나름대로의 성공방식을 주입하려 들기 때문이다.

"아빠는 아무것도 없이 성공했어. 부모 도움 없이, 돈도 없이 말이야."

"네가 지금 있는 이 환경이 뭐가 부족해서…."

"너에게 투자한 돈이 얼만 줄 알아?"

아이들은 채 성장하기도 전에 위대한 부모들에게 눌리고 만다. 아빠 엄마의 업적을 보니 어마어마하다. 그 그늘에서 살아가려니 숨을 쉴 수 없을 정도의 중압감이 아이들을 짓누른다. 아이의 짓눌린 마음은 아이를 괴물로 만들 수도 있다.

아이를 가진 순간부터 사춘기를 대비하고, 아이가 3세라면 사춘기를 위한 교육을 시작하라고 말하고 싶다. 초등학교 1학년 아이를 둔 부모라면 사춘기에 나쁜 싹이 나지 않도록 지금부터 가르치라고 말하고 싶다. 조선후기 실학자인 다산 정약용이 편찬한 속담집인 『이담속찬』에는 '소지장선 양엽가변(蔬之將善 兩葉可辨)'이라는 말이 있다. '될성부른 나무는 떡잎부터 다르다.'라는 뜻이다. 우리 아이가 건강한 싹을 틔울 수 있도록 서둘러 대비하자.

나의 아버지는 농부시다. 75년 한평생을 흙과 잡초와 씨름하며 살아오셨다. 지금은 포도농사를 지으신다. 농부들은 봄이 되면 씨앗을 뿌리고 작물을 심는다. 어느 정도 자라면 '순'을 준다. 순은 포도나무에서 자라난 '싹'이다. 어떤 순을 잘라내고 어떤 순을 남겨두느냐가 일 년 농사를 결정짓는다. 어떤 해는 풍년이었고 어떤 해는 쫄딱 말아먹기도 하셨다. 그래도 낙심하지 않으시고 다음 해를 기다리시는 아버지…. 겨울을 겸허히 보내고 봄이 되면 다시 기운차게 일어나서 자식 돌보듯이 포도나무를 돌보신다.

나는 직업이 농부는 아니지만 평생 '자식 농사'를 해야 하는 부모다. 농부가 풍년을 바라며 봄부터 준비하듯 부모도 아이의 성장을 위해 미리 준비할 필요가 있다.

자녀교육에 성공했다?

나는 중학교 2학년 딸아이 한나와 초등학교 6학년 아들 성혁을 둔 아빠다. 아이를 키우는 동안 시행착오가 없었다면 거짓말이다. 실수를 줄이기 위해 부단히 노력했다. 계획을 세우고, 계획을 수정하는 일을 반복했다. 아이가 태어날 때부터 말이다. 사춘기인 두 아이 모두 스스로 계획할 줄 알고 마음먹은 것을 실행할 줄 안다. 부모를 사랑하며 타인에 대해 배려하는 마음이 크다.

누군가 내게 물었다. "자녀교육에 성공했나요?" 참 어이없는 질문이 아닌가. 나는 반문했다. "자녀교육에 성공이 있나요? 무엇이 자녀교육의 성공인가요?" 돌아오는 대답은 없었다. 정답은 없다. 다만 시기를 놓치지 않는 것이 중요하다. 아이가 정체성을 찾을 수 있는 도구들을 준비해주어야 한다. 그러기 위해서 자녀에 대해 구체적인 관심을 가져야 한다.

한국 부모들은 교육열이 높다. 그런데 그 교육의 포커스가 어디에 맞춰져 있느냐가 문제다. 인간다운 인간을 만드는 일은 예나 지금이나 부모의 주된 과제다. 사춘기는 진정한 자아를 발견할 수 있는 시기다. 비틀어진 자아를 가진 괴물로 만들 것인가 아니면 건강한 자아를 가진 참다운 인간으로 만들 것인가? 이것만은 알아두자. 괴물로 태어난 인생은 없다. 괴물로 만들어질 뿐….

아이의 시간은
한 번 흘러가면 되돌릴 수 없다.

06

부모 감정을 살릴지,
아이 마음을 잃을지

사춘기 아이를 둔 부모는 한결같이 말한다.

"이제 아이가 제 말이라면 들은 척도 안 해요."

"초등학교 졸업할 때까지만 해도 와서 안기고 뽀뽀하고 아양을 떨던 아이가 언제부터인지 점점 이상해져요. 어떻게 아이를 대해야 할지 모르겠어요."

그전과는 너무 다르단다. 그리고 달라진 아이와 지내다 보면 자기도 모르게 모진 말을 하고, 소리 지르고 때리기도 한단다. 이제 힘으로는 이길 수 없다고 푸념한다. 자포자기한 부모, 물량공세를 펼치는 부모, 공포 분위기를 조성하는 부모 등 다양한 형태로 사춘기 아이를 대한다.

무엇이 아이를 위한 일일까?

중2 아이들은 자기 안에서 일어나고 있는 다양한 변화를 이해하려고 노력 중이다. 자기도 자기 자신을 이해할 수 없어 허덕이고 있다. 학교에서 공부하랴 학원 가랴 친구들과의 관계 유지하랴 바쁘다. 거기에 부모의 요구까지 얹힌다면?

상담을 해보면 아직 부모가 원하는 것을 받아들일 준비가 되지 않은 아이와 안달복달하는 부모의 마찰이 많다. 그렇다고 아이를 그냥 방치하라는 말이 아니다. 문제는 필요 이상의 학습량이나 친구와의 관계 개선을 위한 과도한 액션을 요구하는 데 있다. "이게 다 너를 위한 일이다."라며 아이를 이끌려 하지만 정작 그 말은 아이들이 가장 싫어하는 말 중 하나다. 무엇이 아이들을 위한 일일까? 여기서 부모는 선택의 기로에 서게 된다.

박용철은 자신의 저서 『감정은 습관이다』(추수밭, 2013)에서 우리의 뇌는 좋은 감정보다 익숙한 감정을 좋아한다고 했다. 어떤 것이 좋은 것인지 충분히 인지하고 있지만 결국에는 익숙한 데로 흘러간다는 것이다. 평소에 불만을 말하는 사람은 좋은 일이 생겨도 좋은 일을 외면하거나 별로 좋지 않다는 식으로 말을 한다. 뇌는 '2차 이득' 때문에 익숙한 것을 좋아한다고 설명한다. 아이들이 멀쩡하다가 시험을 보는 순간이 되면 갑자기 배가 아프다거나 머리가 아프다고 호소하는 경우가 있다. 이는 아픔이나 이상 현상을 통해 그 순간을 회피할 수 있다는 2차 이득이 생기기 때문이다.

아이에게 평소 했던 말들이 무엇인가 생각해보자. 말 속에는 감정이 숨어 있다. 습관이 되어버린 말이 있지 않는지 생각해보자. 혹시 아이가 중2라는 걸 핑계로 삼지는 않았나? 이는 모든 책임을 아이에게 떠미는 행위다. 실제로 '난 해줄 만큼 다 해주었어.'라고 스스로 위안 삼기 위해 중2를 방패로 삼는 일이 심심치 않게 있다.

"네가 선택한 일이잖아. 그러니까 네가 책임져."

"우리 아이가 중2라 그래요. 중2는 외계인이라잖아요."

"공산당도 무서워하는 중2인데 어떻게 하겠어요."

나는 최선을 다해서 보살폈는데 중2라 어쩔 수가 없다는 듯이 모든 책임을 아이에게 떠넘겨버리는 부모들. 후회할 일을 반복하면 습관이 되어버린다. 무엇이 아이를 위한 일인지 항상 고민하자. 그리고 선택하자. 공부하지 않는 아이를 향하여 속사포 같은 잔소리를 쏟아부을 것인지 아니면 마음을 가라앉히고 아이가 공부를 할 수 없었던 이유를 들어볼 것인지 선택해야 한다. 감정대로 한다면 결코 좋은 결과를 얻을 수 없다. 감정은 감정을 낳기 때문이다. 감정대로 할 것이라면 차라리 좋은 감정을 쏟아내라. 그러면 아이도 좋은 감정으로 부모에게 다가올 것이다. 한 번으로 그치는 것이 아니라 반복하여 좋은 감정이 습관이 되도록 한다.

거칠 것 없는 시기를 지나고 있는 아이들을 향하여 감정을 폭발시킬 것인지 아니면 감정을 조절할 수 있는 힘을 키울 것인지…. 부모의 현명한 선택이 필요하다. 지금도 사춘기 아이를 둔 어느 가정에서는 부모의 독설이 아이를 상처 입히고 있을지도 모른다.

"쓸데없는 짓 하지 말고 들어가서 공부나 해."

"너 그 따위로 살 거야? 얼마나 병신 같은지 알아?"

"나가 죽어! 너 같은 건 살 필요가 없어."

나의 감정을 죽이고 아이를 살릴 것인지 아니면 폭풍 속에 있는 아이를 잃어버리고 말 것인지 선택해야 한다. 그리고 행동으로 보여주어야 한다. 얼마나 아이를 사랑하고 있는지 말하지 않으면 아이들은 모른다. 중2 아이들은 사춘기의 정점에서 자신과 열심히 투쟁 중이다. 그런데 내 편이어야 할 부모와도 전쟁을 치러야 한다면 아이는 모두 적군으로 인식하지 않을까. 부모는 절제된 사랑으로 아이의 편이 되어야 한다. 그렇다고 무작정 내어주며 베풀지 말고 마치 부하를 사랑하는 장군의 마음으로 아이의 편에 서자.

나를 죽이고 아이를 살릴 것인지, 내가 살고 아이를 잃을 것인지 그 선택이 부모와 아이의 삶을 바꿀 것이다.

"사춘기, 부모를 적으로 아는 아이"

01

그 무엇보다
아이의 인격이 먼저다

누구나 긍정적인 방향으로 자신의 인생이 전개되기를 바란다. 하지만 아쉽게도 마음대로 되지 않을 때가 있다. 거기에는 자녀도 포함된다. 부모 생각과는 다른 방향으로 아이가 가려 할 때 마찰이 생기고, 심하면 돌이킬 수 없는 상황에까지 이르기도 한다. 사춘기 아이를 키우는 부모들은 공부와 이성에 특히 예민하다. 사춘기 아이들도 그 문제에 극도로 예민하다. 서로 참고 있던 분노가 폭발하고 부모는 아이에게 주체할 수 없는 배신감마저 느낀다. 머릿속은 '네가 어떻게 내게 그럴 수 있어.'라는 생각으로 꽉 찬다. 급기야 이성을 잃고 아이에게 강압적으로 속말을 마구 퍼부어버리고 만다.

땅거미가 내릴 즈음 나는 가르치던 아이들을 돌려보내고 집으로 향했다. 내가 사는 곳은 화성시고 아이들을 돌보는 곳은 인천시다. 거리가 만 만치 않지만 청소년 아이들을 지도하는 일이 즐거워 출퇴근길이 힘들지는 않다. 그런데 출발하고 얼마 안 있어 한 아이에게서 전화가 왔다. 수화기 너머로 아빠에게 맞았다며 울먹이는 아이의 목소리가 들렸다. 지금 센터에 와 있다고 하여 급히 차를 돌렸다.

아이는 부모가 가라는 학원에 불평 없이 다녔고 주말에 놀지 말고 공부하라는 부모 말에도 원망 한 번 하지 않았다. 그런데 중학교 2학년이 되면서 그동안 쌓인 불만을 조금씩 터트리기 시작했다. 내 앞에서도 종종 부모님에 대한 원망을 내비치기도 했다. 학원 시간에 쫓기다 보니 그렇게 쌓인 불만을 해결할 시간도, 자신을 돌아볼 시간도 없어 보였다. 엄마에게 한두 번 대들더니 그 강도가 점점 심해졌다는 이야기를 주변을 통해 들어서 알고는 있었다. 언제 터질지 몰라 불안불안했다. 그날도 공부는 안 하고 놀기만 한다는 잔소리에 아이가 대들었고 감정적이 된 아버지가 손찌검까지 하고 만 것이었다.

내가 도착했을 때는 이미 소식을 듣고 달려온 아이의 친구 10여 명이 모여 아이를 위로하고 있었다. 여자아이들은 아이와 함께 울고 있었고, 남자아이들은 폭력을 휘둘렀다는 점에 격분해 있었다. 나는 흥분한 아이들의 감정을 풀어주고 각자의 집으로 모두 돌려보냈다. 그리고 아이 아버지에게 전화를 걸었다. 아이를 데리러 온 아버지는 자신이 잘못했노라고 아이에게 진심을 담아 말했다. 한 번 어그러진 감정을 회복하려면 시간이 걸리겠지만 아이를 다독이는 아버지를 보니 잘 헤쳐나가리라 여겨졌다.

엄마든 아빠든 '키'는 부모 쪽에서 잡아야 한다

중2 아이를 교육할 때 어려운 점은 감정 조절이 쉽지 않다는 점이다. 몸은 빠른 속도로 성장하는데 감정은 그 속도만큼 성장하지 않았기 때문에 아이는 감정 조절이 쉽지 않다. 이때 부모마저 인격 성숙이 덜 이루어졌다면 상황은 더욱 힘들어진다. 엄마든 아빠든 어느 한쪽이라도 상황을 이해하고 '키'를 잡으면 문제는 수월하게 해결된다.

나의 아이는 나와 비슷하지만 완전히 독립된 존재라는 것을 깨닫는 게 중요하다. 소중한 내 아이가 지금 자기 자신을 찾는 여행을 하고 있다고 여겨보자. 부모의 품에서 나와 한 발자국 가보고 열 발자국 가보고 나중에는 혼자서도 사회를 감당할 수 있어 독립을 한다. 부모의 품을 떠나도 여전히 소중한 내 아이이니 아이의 홀로서기를 지켜봐주자.

엄마들이 자식을 수식할 때 흔히 '내 배 아파서 낳은 자식'이라고 표현한다. 그만큼 생명을 걸고 자녀를 출산했고 지금은 더 큰 사랑으로 사랑하고 있다는 뜻이리라. 그런데 아이에게 안 좋은 감정을 분출하며 듣기 거북한 말을 퍼부을 때가 있다. 나중에 이유를 물어보면 한결같이 사랑해서 그랬다고 말한다. 배려와 사랑에 대해 생각해볼 필요가 있다.

아이들은 부모가 자신들의 감정을 알아주길 원한다. 사춘기 아이는 성장하는 과정에서 무력감이나 우울감을 느끼기도 한다. 어떤 때는 슈퍼맨이 된 듯 우월감에 빠졌다가 혼란스러움이 극에 달해 좌절하기도 한다. 이는 '나는 누구인가'라는 자아를 찾아가기 위한 당연한 과정이다. 자기를 찾기 위한 여행을 부모가 이해해주지 못하면 우울해하고 반항할지도 모른다. 그래도 아이는 마침내 자기 색깔을 찾을 것이다.

또래집단의 긍정적 효과

대한민국 중2 아이들에게 또래집단이 끼치는 영향은 사춘기에 일반적으로 존재하는 심리적인 성격을 넘어서고 있다. 이는 특수한 사회 문화적 현실과 한국의 집단주의 문화와 관련 있다. 학교나 가정에서 그들의 문화적 욕구를 충족하지 못한 아이는 소통할 대상을 찾아 또래집단을 이룬다. 그들은 서로의 문화를 공유하고 소통한다. 집단은 힘의 논리로 움직일 수 있다. 그래서 때로는 친구들에게 힘을 과시하며 자신보다 나약한 상대를 제압하는 도구로 집단을 이용하는 부정적 측면도 있다.

중2 아이들의 모든 말과 행동에는 그들의 감정과 욕구가 실려 있다. 가장 가까이에 있는 부모가 그 소리를 들어준다면 사랑스런 자녀로 남아 있게 된다. 그 감정과 욕구를 어떻게 조정해주느냐가 관건이다. 사람이 사람을 이해하는 데 이유나 조건은 필요하지 않다. 이성적 잣대로 아이들의 말이나 행동을 규정하고 다가선다면 이해의 대상이 아닌 정죄(定罪)의 대상이 되고 만다. 아이들은 아무 이유 없이 사랑받을 만한 존재다. 어떤 그 무엇도 아이들의 인격을 무시할 만큼 우선시되고 귀중한 것은 없다.

부모 중 어느 한쪽이라도 상황을 이해하고 컨트롤하면 문제는 수월하게 해결된다.

02

미개인을 문명인으로
만드는 프로젝트

인간으로 태어난 우리는 성인이 되어서도 더 나은 자아 성숙을 위해 끊임없이 고민한다. 거창하게는 아니더라도 더 나은 삶을 살기 위해 몸부림친다. 사춘기 아이들 또한 마찬가지다. 부모 눈에는 '뭐하는 거지?' 하고 도통 이해할 수 없는 모습이어도 아이들에게는 그 무엇보다 중요한 일일 수 있다.

스마트폰이 발전하고 수많은 애플리케이션이 생겼다. 스마트폰의 그래픽이나 사운드는 데스크톱 못지않게 훌륭하다. 게임 관련 앱뿐 아니라 카카오톡, 카카오스토리, 트위터, 페이스북 등 SNS 관련 앱은 대한민국 사춘기 아이들에게는 소통의 중심이다. 도대체 무슨 이야기를 하나 궁금한 마음에 아이가 자리를 비운 사이에 슬쩍 들여다본 적이 있다. 그런데 들여다본 화면에는 김빠지게도 별 내용이 없었다. 제일 많이 보인 문자는 'ㅋㅋㅋ, ㅎㅎㅎ'이었다. 그래도 아이에게는 또래 간 소통이 무엇보다 중요하다.

미개인이 문명인이 되려면 시간이 필요하다

우리 자녀들은 아직 미성숙해서 뭐가 뭔지 사리분별이 되지 않는 존재다. 어느 면에서는 '미개인'이라 칭할 수도 있겠다. 『단군신화』를 보면 환웅이 호족과 웅족에게 참인간이 될 수 있는 길을 알려준다. 그 방법은 100일간 햇빛을 보지 말고 쑥과 마늘을 먹으며 수련에 힘쓰는 것이다. 곰은 각고의 노력 끝에 환골탈태하여 참인간이 되었다.

인식 변화를 겪고 있는 사춘기 아이는 곰이 사람이 되는 만큼의 노력과 시간이 필요하다. 기다리지 않고 성급하게 부모 기준에서 아이들을 바라본다면 당연히 모자란 듯한 느낌을 받는다. 자세한 지침과 함께 부모님의 따뜻한 마음이 전달되어야 한다.

무조건 부모의 시간에 아이들의 시간을 맞춘다면 질풍노도의 시기를 살아가는 아이들을 이해할 수 없을 뿐만 아니라 정상적인 인간으로 발전해가는 것을 막게 된다. 부모도 사춘기를 겪었다. 아이의 여행을 믿고 기다려주자.

현대 프랑스의 철학자인 미셸 푸코는 "인간이 18세기에 나타났다."라고 했다. 그렇다면 그전에는 인간이 없었다는 말인가? 아니다. 여기서 인간은 '참다운 인간을 인간 스스로 의식하기 시작한 인간'을 말한다. 헤겔은 주인과 노예에 대한 변증법을 통해서 인간을 다음과 같이 정의한다.

"주인은 주인이 되기를 결심했기에 주인이 되었고, 노예는 노예가 되기를 결심했기에 노예가 되었다."

인간이 스스로 주체가 되어 결심할 때 목표로 한 '인간'이 될 수 있다는 의미다. 이 한마디로 인간을 완벽하게 정의할 수는 없다. 하지만 우리 아이들이 이만큼이라도 자기 자신을 정의하고 살아간다면 인생에 커다란 변화를 가져올 것이다. 대한민국에는 아무런 생각도 없이 아무런 꿈과 비전도 없이 살아가는 아이들이 너무 많다.

가까운 미래, 먼 미래

아이에게 먼 미래는 그만두고 가까운 미래에 대한 소망이라도 있었으면 좋겠다고 말하는 부모들을 심심치 않게 만난다. 가까운 미래, 즉 대학 진학에 대한 이야기다. 중2는 앞으로 5년만 있으면 수능이든 수시든 일정한 자격 검증을 받아야 한다. 대부분의 부모는 아이가 좋은 대학에 들어가기 원한다. 결코 시간이 많지 않다. 그런데 아이들을 보면 어떠한가? 부모는 생각이 있는 건지 없는 건지 그저 그렇게 두루뭉술하게 살아가는 아이의 모습이 답답하기만 하다.

스터디코드의 조남호 CEO는 침 튀겨가며 말한다. 재수를 해서라도 'SKY'에 들어가라고 말이다. 한국 사회뿐만 아니라 세계의 어떤 나라도 학력을 무시하는 나라는 없다고 힘주어 말한다. 그리고 그는 연실 "잔인하지. 이게 현실이야."라고 말하며 먼 미래나 인성 그런 것 말고 '입시'만을 생각해보자고 토로한다. 당장 가까운 미래를 위해 공부하는 법에 대해 열정적으로 강의한다.

마음 한구석이 아려온다. 조남호 CEO의 강의가 철저하게 우리 아이들이 처해 있는 상황을 말해주고 있기 때문이다. 그의 강의는 당장에는 대학, 조금 멀리는 직장, 더 멀리는 한국 사회에 대하여 너무도 리얼하게 말하고 있다.

그런데 사회 시스템이 그렇게 갖추어져 있으니까 거기에 맞추어서 살아가야 하는 게 답일까? 그렇게 해야만 안정적인 직장과 미래를 보장받을 수 있으니까 어쩔 수 없다? 그럼 결국 지금까지의 사회를 답습하는 게 되지 않을까.

나는 아이들이 어떠한 상황에서도 날카로운 이성을 잃지 않고 문제를 해결할 수 있는 사람으로, 거대한 산이라도 품을 수 있는 충분한 감성이 있는 사람으로 자라나길 바란다. 이를 위해서는 부모가 가지고 있는 마음과 태도를 조금만 바꾸면 된다.

헤겔이 말한 주인과 노인에 대한 변증법에서 알 수 있듯이 어떻게 결심하느냐가 중요하다. 주인이 될 것인지 노예가 될 것인지 인간다운 모습을 보여줄 것인지 어리석은 곰의 모습을 보여줄 것인지…. 당연히 주인을, 인간다운 모습을 선택할 것이다. 그렇다면 죽기 살기로 이 결심을 실천에 옮겨야 한다.

매일같이 결심만 한다면 백 년이 지난다고 해도 아무 변화가 없다. 아이를 위해 결심한 바를 모든 사람이 알도록 말하고 다니자. 누구라도 만나면 결심을 말로 표현해보자. 그 말은 결국 나를 움직이게 만들 것이고 그렇게 하지 않으면 안 되도록 만든다. 이것이 말의 힘이다.

지금까지 물질적인 부분을 채우고 성취하는 일에 방향을 정하고 달려 왔다면 이제는 인성의 커다란 성취에까지 나아가자. 어느 부분이 과하고 어느 부분이 부족한지 가늠할 수 있는 안목이 필요하다. 그때그때 적절한 이성적 판단과 실행이 아이를 성숙함으로 이끌 수 있다.

결심을 말로 옮기면 행동은 따라간다.
이것이 말의 힘이다.

03

차라리 부모가 나가라

사춘기 아이 때문에 속이 상하고 분통이 터지는 일이 많을 것이다. 아무리 화가 나도 험한 말을 할 수는 없고… 차라리 아무런 간섭도 하지 않는 게 좋을까? 흘러가게 두는 게 낫지 않을까? 부모는 고민한다. 그렇지만 간섭보다 더 무서운 게 무관심이다. 무관심보다 차라리 욕을 하는 게 낫다. 최소한 애증이라도 있어야 욕이 나오니까 말이다.

부모는 중2 아이에게 오늘도 잔소리를 한다. 애나 어른이나 잔소리를 좋아하는 사람은 아무도 없을 것이다. 부모의 잔소리는 중2 아이들을 미치게 한다. 잔소리를 해도 아이는 자꾸 삐딱선을 탄다. 해결책이 있다. 잔소리에 그치지 않으면 된다.

사춘기 아이들을 미치게 하는 법

봉사를 온 아이들에게 빠지지 않고 하는 질문이 있다.

"이 세상에서 제일 듣기 싫은 말이 뭐니?"

아이들의 답은 제각각이다.

"10시까지 꼭 들어와야 해."

"너 어디야?"

"학원은 갔다 왔어?"

"빨리 일어나!"

화내며 답하는 아이, 슬프게 답하는 아이, 헛웃음과 함께 답하는 아이…. 아이들이 답할 때의 감정을 글로 옮기기가 어려운데 대답을 하는 아이들에게서 그러한 감정이 느껴졌다. 그리고 아이들은 한결같이 '부모의 잔소리'에 대해 이야기했다. 부모가 원하는 대로 아이들이 따라주지 않으면 가차 없이 쓴소리를 들을 수밖에 없단다. 아이들은 그때마다 심한 수치심을 느꼈고 심지어 죽고 싶기까지 하다고 말했다. 겉으로 봐서는 전혀 그럴 것 같지 않은 아이들이 그런 말을 하면 간담이 서늘해진다. 아이를 자꾸 구석으로 내모는 말이 쌓이다 보면 후회할 일이 생길지도 모른다.

부모들이 자기감정에 충실한 나머지 언어폭력 혹은 물리적 폭력까지 이어지기도 한다. 주변에서 받은 스트레스를 아이에게 퍼붓는 것이다. 아이들은 부모로부터 받은 악감정을 억눌렀다가 자기보다 약한 친구나 동생을 만나면 그대로 풀어버린다. 사회적인 물의를 일으키는, 소위 '문제아'라고 불리는 친구들을 만나 보면 가정이 문제의 근원지인 경우가 많다. 악순환의 연속이다.

'내 아이는 아닐 거야.'라고 생각할 수 있다. 부모는 직접 확인할 필요가 있다. 아이들이 늘 다니는 현장을 가보자. 학교에서 친구들과 이야기하는 모습, 학원에서 어울려 다니는 모습 등을 세심히 살펴보자. 그 모습이 아이의 현재 심리 상태를 말해줄 것이다. 다만 부모나 학교 선생님 앞에서 순한 양인 척할 수 있다는 사실을 잊지 말아야 한다. 부모는 아이를 세심히 살펴보고 심각한 상태가 되지 않도록 미연에 방지해야 한다. 사춘기를 이해하고 아이의 상태를 파악해 아이에 맞는 방법들을 선택해야 한다.

가장 기본이 '말'이다. 사람의 마음은 말을 통해 밖으로 나온다. 부모의 감정 상태나 생각을 사춘기 아이에게 어떻게 표현하느냐에 따라 아이에게 다가갈 수도 있고 그렇지 못할 수도 있다. 어떤 느낌으로 말하느냐가 중요하다. 동일한 말이라도 말하는 사람의 감정 상태에 따라 상대의 반응은 천차만별이다. 물론 듣는 아이의 감정에 따라서도 달라지겠지만 부모 자신이 말하고자 하는 바를 전달하는 방법이 무척 중요하다. 생각을 즉흥적으로 말하지 말고 말하기 전에 스스로에게 질문을 던져보자. '어떤 느낌으로 말해야 할까?'

관심의 분산

중2 아이에게 휘둘리는 부모가 되지 말자. 아이에게 휘둘려 자기감정을 컨트롤하지 못해 아이에게 쏟아붓는다면 아이와 결코 좋은 관계를 유지할 수 없다. '이게 아닌데….' 하는 생각이 든다면 바로 돌아서야 한다. 아이를 독립적인 사람으로 대하는 습관을 들이기 위해 부단히 노력해야 한다.

부모는 양육 전문가가 되어야 한다. 아이를 대할 때 조금 더 자연스럽게 말하고 행동하자. 갑자기 말과 행동을 바꾸면 아이들은 의심부터 한다. '갑자기 왜 저러지?', '그러다 말겠지.'라고 생각할 수도 있다. 그러나 진심은 통한다. 달라지려는 부모의 노력을 아이에게 어필하자.

아이와의 갈등이 말끔히 사라지지는 않는다. 그게 없으면 중2가 아니다. 강하건 약하건 사춘기는 반드시 있다. 아이를 진심어린 마음으로 바라보자. 잔소리, 훈계, 간섭으로 자녀의 마음을 멍들게 하지 말자. 집에서 아이가 오가는 것을 지켜보며 공부는 하고 있는지 밥은 어떻게 먹는지 등등에 대해 일일이 다 참견하고 잔소리하지 말자. 아이에게 쏟는 관심을 돌려 자기를 돌아보는 시간을 갖자.

정말 미칠 것 같으면 아이들은 집을 뛰쳐나간다. 이럴 땐 차라리 부모가 집을 나가는 게 낫다. 정말로 집을 나가라는 뜻은 아니다. 아이와 붙어 있으면서 싸울 것이 아니라 자원봉사를 해보는 것이다. 지금까지 활동 반경이 집으로 제한적이었다면 집 밖으로 나가 둘러보자. 나의 손길을 필요로 하는 이들을 도우면 자신의 내면도 성장한다.

아이는 부모가 자신에게 향한 관심을 다른 곳에 돌렸음을 바로 깨닫는다. 지금까지 자신이 삶의 중심이었는데 갑자기 반전이 찾아온 것이다. 자유로워져서 좋기는 한데 뭔가 이상하다. 자원봉사를 하다가 들어왔다는 사실을 뒤늦게 알았다고 생각해보자. 아이가 겉으로 어떤 반응을 보일지는 모르겠지만 그전에 자신에게 잔소리만 퍼붓던 엄마를 새삼스럽게 바라볼 것이다.

자기계발, 운동, 취미생활을 찾아보면 어떨까? 못다 이룬 꿈을 위해 정진해보는 것도 좋겠다. 지금껏 가정을 위해 달려왔다면 나 자신을 위한 투자를 할 수 있는 기회로 삼아보자. 이렇게 자신이 평소에 관심 있던 것, 이루고 싶었던 것을 해나가다 보면 자연스럽게 마음도 넓어지고 삶에 활력이 생길 것이다.

오직 아이에게 쏟던 관심을 '나'에게 전환해보자.
사춘기 아이와의 갈등은 줄어들고 관계도 좋아진다.

04

대화할 수밖에 없는
상황을 연출하라

사춘기 아이를 둔 부모들은 입을 모아 말한다. "도대체 대화가 안 돼요." 어떤 말이라도 해야 의사소통이 될 텐데 아이들은 학교나 학원을 다녀와서는 문을 걸어 잠그고 나올 생각을 하지 않는다. 그러고는 스마트폰과 대화를 한다. 그들만의 세상으로 들어가는 것이다. 왜 그들은 문을 잠그는 동시에 마음의 문까지 잠그는 것일까? 그 속에 처박혀 있는 아이들을 끄집어낼 수는 없을까?

어른 대 어른으로

사춘기 아이와 '어른 대 어른으로' 함께 룰을 정해보자. 부모와 아이가 협상을 통해 적절한 합의점을 찾아내는 것이다. 이때 부모의 권위를 내세워 편향된 룰을 정하지 말고 아이의 의지가 충분히 반영된 룰을 만드는 것이 중요하다. '밥을 먹는 시간에는 스마트폰을 하지 않기', '일주일에 두 번은 온 가족이 산책하기', '늦을 때는 반드시 전화하기', '화내거나 짜증 내면서 말하지 않기' 등등. 아이와 룰을 정할 때 부모는 아이의 속마음을 읽으며 조율해야 한다. 아이가 원하는 것이 아닌데도 그렇게 하겠다고 말할 수 있기 때문이다. 함께 정한 룰은 생각만큼 지켜지지 않는다. 그렇다고 물러설 수는 없는 노릇이다. 아이가 감시당하는 게 아니라 보호받는다고 느끼는 선에서 아이를 도와주자. 아이와 룰을 수정해 가며 계속 코칭해야 한다.

아이와 함께 운동을 하는 것도 대화를 할 수 있는 좋은 방법이다. 아빠가 아이들을 데리고 배드민턴을 친다든지, 공원을 걷는다든지, 엄마와 딸이 함께 수영이나 줄넘기, 요가, 댄스 등 몸을 써야 하는 운동을 하는 것이다. 짝을 이루는 운동이면 좋지만 꼭 그렇지 않아도 충분히 유대감을 형성할 수 있다. 그런데 어딜 가나 스마트폰이 항상 문제다. 운동할 때 운동에만 집중하도록 아예 스마트폰을 챙겨가지 않는 것을 원칙으로 하면 좋다.

그렇게 서로의 관계를 확인하는 상황이 만들어지면 중2 아이들은 어긋난 길로 가지 않는다. 또한 부모가 요청하는 것을 수용할 준비가 되고 내부에 쌓인 스트레스를 충분히 풀어낼 수 있다.

부모가 아이와 함께하는 건 중요하다. 처음에는 아이가 이러한 제안을 받아들이려 하지 않을 수 있다. 아이와의 조율이 반드시 필요하다. 그래야 아이는 자신이 한 약속이니까 지켜야겠다는 생각을 가지기 때문이다. 부모가 먼저 화해의 손을 내밀었다고 생각할 수도 있다. 아이와 대화를 통해 마음속에 담고 있는 생각들을 들어볼 기회를 잡아보자.

부모들은 너무 바쁘다. 24시간 아이에 집중할 여건이 안 된다. 그러나 사춘기 아이에게는 부모의 손길이 절실하다. 아이의 내면에는 자기도 모르는 자기가 살고 있다. 지킬박사와 하이드를 연상시킬 만큼 종잡을 수 없는 시기이다. 언제 어떻게 하이드가 튀어나올지 모른다. 억제할 힘이 필요한데 아이 혼자 힘만으로는 역부족이다.

인간의 본성은 지적 능력의 통제가 있을 때만 인간다워진다. 중2 아이들의 또 다른 모습인 하이드의 힘을 빼야 한다. 모든 에너지를 방출하고 나면 원래의 모습으로 돌아간다. 커다란 감정적 쇼크에 의해서 지킬박사가 하이드로 변하게 되는데 이것들을 잠재울 만한 동력이 필요하다. 그런데 아쉽게도 외부의 영향으로는 부족하다. 내면이 동의해야만 원래의 모습으로 돌아올 수 있다. 그 동력은 부모와의 짙은 감정적 교류를 상기하는 데서 찾을 수 있다. 아이가 기억하게 하는 것이다. 승용차 안에서 부모와 나누었던 대화, 아빠가 힘겨루기 운동에서 일부러 져준 모습, 엄마와의 즐거운 쇼핑, 영화를 보고 내가 옳다 네가 옳다 싸운 기억 등등 사소하지만 감동을 주었던 순간들이 우리 아이들을 어긋나지 않도록 도와줄 것이다.

05

부모가 포기하면
세상도 포기한다

인간의 내재된 많은 인간성 중 '소유욕'은 우리 삶을 지배하는 한 요소다. 소유욕이 과해지면 '탐욕'이 된다. 오랜 세월 탐욕 때문에 많은 사람이 고통을 받으며 살아왔다. 앞으로도 탐욕은 인간들을 고통에 빠트릴 것이다. 탐욕이 소유욕 정도에만 머물러도 세상은 살 만할 것이다. 많은 종교가 탐욕을 제어하기 위해 갖가지 규율을 만들고 금욕을 요구한다. 그만큼 탐욕이라는 것은 나와 이웃을 고통스럽게 만든다는 반증이 아니겠는가.

사춘기를 한창 지나는 중2 아이들을 보면 탐욕이 확실히 나타난다. 동생이나 친구들의 돈 또는 물건을 빼앗는 모습을 심심치 않게 보았다. 플라톤은 『국가』에서 인간의 탐욕에 대해 다루었다. "왜 인간은 능력만 있으면 불의를 저지르려 하는가?"라는 질문을 던지면서 그것은 '제 몫 이상을 차지하려는 마음', 즉 탐욕 때문이라고 정의한다. 탐욕을 만들어내는 것은 남을 능가하는 능력 때문이라는 것이다.

아이들의 육체는 과거에 비해 현저하게 빠른 성장을 하고 있다. 그러다 보니 몸은 어른인데 마음은 아직 성숙하지 못한 상태이다. 남는 게 힘뿐이다. 자신보다 연약한 친구 혹은 자신보다 예쁘거나 멋지지 않다고 생각하는 친구에게 자신을 과시하는 경향이 있다. 때로는 자신의 탐욕을 채우기 위해 친구들에게 폭력을 행사하기도 한다. 물론 부모 세대에도 그런 일이 있었고 그 이전에도 있었다. 그러나 지금은 상황이 많이 다르다. 성인도 참을 수 없을 정도의 심한 물리적·심리적 폭력까지 발생하는 실정이다.

부모가 원하는 것, 아이가 원하는 것

'원하는 것이 무엇인가?'라는 질문을 통해서 부모와 자녀 간의 문제 해결의 실마리를 찾을 수 있다. 서로에 대한 이해가 없이는 아무런 선택도 내릴 수 없다. 깊이 내려가보면 서로의 신뢰 문제다. 부모가 나의 '바람'을 들어줄 것인지, 반대로 자녀가 나의 '바람'을 알고 움직여줄 것인지가 관건이다. 아쉽게도 이러한 문제들은 당장 코앞의 것을 해결한다고 사라지는 게 아니다. 신뢰는 시간이 필요하다.

사춘기 아이를 둔 부모가 가장 먼저 고민하는 건 아이의 욕구를 어느 선까지 들어주느냐이다. 대표적인 예가 스마트폰이다. 스마트폰은 아이들이 가장 갖고 싶어하는 일순위다. 다른 아이들은 다 있다느니 스마트폰을 사주면 성적을 몇 등까지 올리겠다느니 별별 이유를 들어서 아이는 결국 부모에게서 스마트폰을 받아낸다. 사납기가 성난 강아지 저리 가라 무섭고 꼴불견이었던 아이들이 순하고 애교가 철철 넘쳐흐르는 강아지로 가장한다. 부모들은 속수무책으로 아이들의 바람을 들어주기 마련이다.

거기까지는 그래도 좋다. 왜? 우리는 부모니까. 목표를 이룬 중2 아이들은 한동안은 고분고분하다. 아이들 스스로 한 말도 있고 원하는 바를 이루었으니까 말이다. 하지만 시간이 가면 갈수록 조금씩 본래의 모습으로 돌아간다. 손에 넣은 스마트폰으로는 자신들이 원하는 바를 한다. 게임을 하고 SNS로 친구들과 낄낄거리고 밤이 늦도록 스마트폰에 매여 지낸다. 그다음은 눈에 그려지듯이 뻔하지 않은가? 부모님과의 한판 전쟁이 불어닥친다. 점점 골은 깊어져 가고 마침내는 스마트폰을 압수하거나 부서버리기도 한다. '이걸 죽여? 살려?' 한 번의 '바람'을 들어주고 쌓은 신뢰는 온데간데없다. 부모와 자식 간의 사랑은 좀처럼 찾아보기 힘든 상황이 된다.

순간의 대립을 피하기 위해서 아이들이 원하는 바를 이루어줄 때가 적지 않다. 이제는 조금 더 근본적으로 접근해야겠다. 인식의 부재로 인한 어리석은 일들이 자꾸 반복해서 일어나지 않도록 해야 한다. 시간이 그렇게 많지 않다. 사춘기에 삐딱선을 타면 인생 자체가 흔들린다는 것을 부모는 경험을 통해서 뼈저리게 알고 있다. 아이와 신뢰를 형성하는 단계에서부터 시작하자.

그렇다면 어떻게 시작할까? 먼저 왜 이렇게 사춘기 아이와 틀어졌나 생각해보자. 부모는 일하느라, 아이는 공부하느라 바쁘다. 그러다 보니 얼굴을 맞대고 밥 먹을 시간이 없다. 학원 시간에 쫓기는 아이들은 밖에서 간단히 끼니를 해결하기 일쑤다.

인간은 지극히 이성적이기는 하나 그 무엇도 동물적 본능에서 벗어날 수 없다. 다시 말하면 '먹는 것'에서 자유로울 수 없다. 성인군자라고 칭송받는 이라도 3일만 굶겨 보면 그가 얼마나 동물적 본능을 가지고 있는지 알 수 있다.

호서 대학교 이기영 교수는 다음과 같이 말했다.

"가족과 함께 식사하면서 배우는 밥상머리 교육의 중요성은 유대인들만 봐도 알 수 있다. 세계 노벨상 수장자의 30%가 배출되었고 유명한 예술가나 기업가가 많이 나와 유대인의 교육법이 세계인의 관심을 모으고 있다. 유대인 중 노벨 물리학상을 수상한 미국교수가 강연을 위해 한국을 방문했을 때 자신을 키워준 가장 큰 교육은 어린 시절 밥상머리에서 나눈 아버지와의 대화였다고 고백했다."

우리 선조들은 어떠했는가? 유교 문화권에 있었던 선조들에게 인(仁)은 모든 도덕을 하나로 통일하는 최고 이념이었다. 수신(修身)·제가(齊家)·치국(治國)·평천하(平天下)의 실현을 목표로 하는 일종의 윤리학·정치학이며 수천 년 동안 중국·한국·일본 등 동양사상을 지배해온 사상이다. 유교에서는 나라를 다스리는 일보다 가정을 세우는 일을 우선하였다. 그 대표적인 예가 다산 정약용이다. 그는 가족과 식사하는 부분을 중요하게 생각했고 아이들과 함께 식사하면서 독서 지도 등 자녀교육에 힘썼다. 심지어 유배를 가서도 실의에 빠져 술로 지새우던 둘째 아들 학유에게 편지로 교육을 시켰을 정도이다.

가족과 함께하는 식사는 밥을 먹는 것이 아니다. 사랑을 먹는 것이고 신뢰를 형성하는 것이다. 물론 어떻게 먹느냐가 중요하다. 공격적인 말투로 서로의 마음을 상하게 하며 먹는 식사는 따로 먹느니만 못하다. 자신의 가정은 어떤지 생각해보자.

어느 누구도 대신 살아줄 수 없는 것이 인생이지만 부모만큼 강력한 영향력을 미칠 수 있는 존재는 없다. 이제 아이들을 위해 작은 것부터 시작해보자. 조금 벅찰지 모르지만 아침식사를 준비하고 함께 식사를 하는 것부터 시작해보자.

조금 벅찰 수 있겠지만
아이를 위해 작은 것부터 시작해보자.

06

사춘기 전쟁에서
승리하는 법

중2 아이들이 잘하는 것이 하나 있다. 바로 부모를 머리끝까지 화가 나게 하는 일이다. 아이들은 늘 준비라도 하고 다니는 듯하다. 조절이라는 것이 안 되는지 거리를 휘젓고 다니고 큰 소리로 미친 사람처럼 웃어젖힌다. 어른들이 있는데도 보란 듯이 친구들끼리 욕을 하고 낄낄거리며 지나간다. 그런 아이들을 보게 되면 불러서 한마디 안 할 수 없다.

그런데 부모들과 상담하면 하나같이 하는 말이 있다. "우리 아이가 그럴 리가 없어요. 아마도 너무 화가 난 나머지 폭력을 사용하고 욕을 했을 겁니다." 정말 몰라도 너무 모른다.

사춘기 전쟁

사춘기 아이들의 주요 특징 중 하나가 '반항'이다. 어른들이 하지 말라고 하는 것은 꼭 해보려 하는 청개구리 심보를 가지고 있다. 교복을 줄여 입지 말라는데도 통을 줄이고 스커트의 길이를 줄이고…. 학교에서 지적하면 수선집에 가서 다시 원상복구해서 입다가 또 어느 순간 보면 교복이 줄여져 있다. 여자아이들은 화장이 기본이다. 학교 끝나기가 무섭게 화장을 한다. 아니, 학교 안에서도 하고 있다.

이런 아이들과 부모는 매일 싸운다. 전쟁이다. "자세를 똑바로 해라.", "화장은 왜 하니?", "빨리 일어나라." 등등. 그럼 당장에 수정하는 아이가 있는 반면 참견하지 말라고 화를 내거나 심하면 가출하는 아이도 있다. 이런 아이들을 상대로 무엇을 어떻게 해야 하는지 묻는 부모들이 많다. 단 몇 분으로, 몇 문장으로 문제의 원인을 파악하고 해결책을 내놓을 수는 없다. 왜냐하면 사람이 서로 다르듯이 가정 또한 모여 있는 구성원이 다르고 처해 있는 상황이 다르기 때문이다.

그런데 문제가 있는 가정 대부분의 원인 제공자는 아이들이 아니라 '부모'이다. 이 사실을 인정하지 않고서는 어떤 문제도 해결할 수 없다. 자기를 인식하는 데서부터 문제의 해결법을 하나하나 찾아 나선다면 머지않아 아이의 문제에까지 도달할 수 있다. 그러기 위해서는 부모 자신에 대한 세밀한 관찰이 필요하다. 아이가 문제 있는 언행을 할 때 내가 어떻게 반응하는지 생각해보아야 한다. 왜냐하면 반응은 반응을 이끌어내기 때문이다. 내가 화를 내고 폭언을 내뱉으면 당연히 그와 동일한 반응이 돌아온다. 이것은 모든 인간관계에서 동일하다. 사람은 대부분 남에게는 그나마 관대하다. 그러나 가족에게는 왜 그렇게 직선적인지….

자신을 돌아보았다면 그다음은 아이를 들여다보자. 나의 반응에 아이가 어떻게 반응하는지 살펴보자. 그런데 여기서 주의할 점이 있다. 부모가 아이들을 자신의 원하는 방향으로 끌고 가고 싶어하듯이 아이들 또한 부모를 자기들이 원하는 방향으로 몰아가려고 한다는 사실이다. 사춘기 아이들은 의외로 영악하다. 안 된다는 것을 알면서도 한 번씩 떠본다. 간을 보는 것이다. 그것이 성공하면 반복해서 부모에게 시도하고 반응을 이끌어내며 부모를 학습시킨다.

비싼 값을 지불하라

어떤 일이든 값을 지불하기 마련이다. 자녀를 양육하는 일도 마찬가지다. 그냥 되는 일은 없다. 어르신들은 "낳아놓으면 자기들이 알아서 다 자라."라고 말하곤 한다. 하지만 현대의 부모들에게는 맞지 않는 말이다. 해석하기 나름이지만 요즘 아이들은 확실히 손이 많이 간다. 치열한 경쟁 사회에서 살아남기 위해 부모의 도움이 절실히 필요한 시대를 살아가고 있다. 인생을 먼저 살아본 부모는 사춘기 시절이 어떤지 잘 알고 있다. 그렇기에 더욱 조이고 기름 치고 해서 단단히 준비해주려 한다. 하지만 뭐든 과하면 탈이 나는 법이다.

내가 아이에게 과하게 욕심내고 있는 것이 무엇인가 생각해보자. 그 욕심내는 부분을 숨기는 지혜가 필요하다. 항상 기본을 중요시 여기는 마음을 갖도록 유도하자. 방 정리, 옷 정리, 책 정리 등을 강조하자. 아이의 인식 속에 '엄마 아빠는 기본을 중요하게 여긴다.'라는 인식을 심어준다. 그리고 아이에게 부드럽고 단호한 어조로 '너를 충분히 존중한다'라는 마음을 담아 말하자. 그렇지 않으면 아이들은 또 잔소리한다고 난리다. 이것이 성공하면 '기본기'가 왜 중요한지 살짝 말해주자. 그럼 아이들은 "나도 다 알아." 하고 휙 일어나거나 무시하는 듯한 표정을 짓는다. 하지만 마음 한구석에 '그래, 그 말이 맞아.'라며 인정하는 마음이 생기기 시작할 것이다. 한 번으로 그치면 안 된다. 계속 시도해야 한다. 인간은 망각의 동물이다. 습관을 들이자. 다시 한 번 말하지만 잔소리처럼 말하지 말자. 다음을 기억하자.

'3분 이상 말하면 잔소리'

'감정대로 말하면 잔소리'

'주절주절 말하면 잔소리'

쉬운 일은 없다. 사춘기의 아이들을 인간다운 인간으로 성숙시키기 위해서 가야 할 길이 멀다. 문제는 얼마만큼 부모인 내가 성숙하느냐다. 아무런 생각 없이 아이에게 내뱉은 말은 곧 내게 다시 돌덩어리로 날아와 상처를 준다. 그러고는 아이뿐만 아니라 부모도 상처로 인해 아파하고 원수 아닌 원수처럼 되어버리고 마는 것이다. 마침내는 감정싸움이 된다.

하버드 대학교의 인기 있는 강의 중에 설득과 협상에 관한 강의가 있다. 다니엘 샤피로 교수의 강의인데 한국에도 『원하는 것이 있다면 감정을 흔들어라』라는 그의 책이 출간되었다. 이 책에서 상대의 감정을 움직이려면 상대를 인정하고 친밀감을 강화하고 결정을 내릴 때 자율성을 존중하며 지위를 두고 경쟁하지 말라고 말한다. 마지막으로 성취감을 주는 역할을 맡으라고 이야기한다. 누구나 인정받고 싶은 본능이 있다. 샤피로 교수는 인정받는 느낌을 방해하는 3가지로 다음을 제시한다.

"먼저는 상대의 견해를 이해하지 못한다. 그다음은 상대방의 의견에 동의하지 않고 비난만 한다. 마지막으로 상대의 생각, 느낌, 행동의 장점을 인정하지 않는다."

우리 아이들도 마찬가지다. 그들을 인정하는 데서부터 출발해야 한다. 그리고 '내가 너를 인정하고 있어.'라는 부모의 마음을 알게끔 해야 한다. 엄마 아빠로부터 인정받는 아이는 결코 배신하지 않는다. 문제는 그만큼 인정해주지 않는 부모에게 있다. 지금이라도 늦지 않았다. 아이들을 인정해줄 수 있는 무언가를 찾아보자. 강점을 보려 하고 그것을 인정해주는 습관부터 키워보자. 눈을 들어 아이들을 새로운 시각으로 바라볼 때 지금까지 보지 못했던 아이의 또 다른 모습을 발견하게 될 것이다.

아이를 인정하고 존중할 때
중2 전쟁의 승자는 부모와 아이 모두가 된다.

"사춘기, 아이가 세운 담을 두드리는 법"

01

"네가 뭘 알아?"
VS
"네 말도 일리가 있네."

요즘은 소통능력도 재능으로 친다. 상대방의 의견이나 행동을 수용하고 자신의 생각이나 느낌을 전달할 수 있어야 한다. 현대에서 사회적 능력이 뛰어난 사람을 '소통의 달인'이라 부른다. 이들은 자신의 뜻을 전달하는 것뿐만 아니라 다른 사람의 뜻까지 알아듣는다.

남자나 여자나 인생의 후반부에 접어드는 45~55세의 갱년기 즈음에는 삶의 연륜이 드러나기 시작한다. 어느 누구와도 소통이 가능한 나이가 된다. 희로애락을 경험할 만큼 경험한 성숙한 인간의 모습을 볼 수 있다. 그러나 젊은 세대일수록 점점 자신의 뜻만을 관철시키려는 사람들이 많아지고 있는 것 같아 안타깝다.

중2 아이들과 소통을 시도할 때 반드시 충돌을 일으키는 말이 있다.

아이들은 이 말을 들으면 굉장히 기분 나빠한다. 이 말은 아이와의 대화 단절을 유발한다. 바로 다음과 같은 말이다.

"네가 뭘 안다고…."

"조그만 게 끼어들고 있어. 가서 공부나 해."

어른들이 하는 말에 끼어들거나 아이가 제 생각만 강하게 주장할 때 "네가 뭘 안다고!"라는 말이 툭 나온다. 상대방의 말을 잘라서 끼어들거나 말을 가로막는 것은 예의에서 벗어나는 일이다. 어른이든 아이든 예의 없는 행동은 바로잡아주는 것이 좋다. 그러나 어떻게 전달하느냐가 문제다. 자신보다 어리다고 입에서 튀어나오는 대로 말하면 상대의 마음을 아프게 한다.

어린 시절에 어른들의 화술이 바보 같다고 생각한 적이 있다. '분명히 답이 뻔한데 왜 저렇게 말할까?' 하고 생각했다. 지금 아이들도 그렇게 생각하지 않을까? 아니 더 심하면 심했지 덜하지는 않을 것이다. 사춘기 아이들은 타협할 수 없다는 생각들로 머릿속을 채우고 있다. 다만 논리와 합리성 부족이 감정의 폭발로 이어져 거침없이 제 주장을 입 밖으로 꺼낸다. 뭐라고 말은 해야겠는데 감정만 앞선다. 여기서 미성숙함이 드러나고 만다.

아이의 비상을 응원하라

중2 아이들의 타협할 줄 모르는 부분은 높이 평가되어야 한다. 그만큼 아이 안에 순수함이 남아 있다고 긍정적으로 생각하자. 그리고 기분 좋게 칭찬해주자. 어른들과 달리 앞뒤 재지 않고 이익 타산을 계산하지 않는 모습은 높이 평가해주어야 한다. 나이가 들어 사회에 나와 부딪히면서 점점 사그라지는 그때까지 순수함을 지켜주자.

부모는 오히려 아이들에게 외쳐야 한다. 비상하라고, 높고 높은 하늘을 향해서 날아오르라고 힘차게 응원해주어야 한다. 부모의 응원은 아이에게 힘을 실어준다. 두 다리에 힘주어 버티고 두 주먹 불끈 쥐고 일어나 덮쳐오는 세상의 어려움을 향해 돌진하는 원동력이 된다.

"네가 뭘 안다고!"가 아닌 "네 말도 일리가 있다."로 바꿔 말하며 인정해주자. 그리고 어떤 문제에 대해 토론하는 시간이 필요하다. 생각을 나누고 마음을 나누다 보면 자연스럽게 부모와 아이의 생각은 점점 일치될 것이다.

친구 내외가 우리 집을 방문했을 때의 일이다. 식사를 마치고 차도 한 잔 마시며 그간 지내온 날들을 추억하면서 즐거운 시간을 보냈다. 역시 부모는 어쩔 수 없는가 보다. 이야기의 주제는 자녀들에 대해서였다. 특히 아이들의 교육에 대한 화제가 중심이었다. 현장에서 아이들을 다루는 일을 하다 보니 교육 문제에 관심이 많고 그 해결책을 항상 생각하게 된다. 부모들과 이야기를 나누다 보면 문제가 보인다. 결국 결론을 내린다. "부모가 문제야."

아이에게 전하는 희망의 말

부모들은 지금까지 살아온 경험과 지혜로 아이들을 재단한다. 자신의 기준에 맞지 않으면 문제가 있다고 생각한다. 아이들은 나와 다른 존재다. 아이들에게 나를 투사해서는 안 된다. 나의 과거가 힘들고 어려워서 하고 싶은 것을 하지 못했다 해서 아이들에게 모두 해주려 들면 안 된다. 아이를 위한 일이 아니다. 대리만족일 뿐이다.

또한 자신이 못다 이룬 꿈을 아이를 통해 이루고자 하는 부모도 많다. "엄마 아빠 말 들어. 이게 맞는 길이야. 이게 성공하는 길이야." 그 길이 성공하는 길일 수도 있다. 그러나 아무리 논리적이라 할지라도 아이의 마음이 받아들이지 못하면 아무 소용이 없다. 아이들은 외친다.

"그게 나하고 무슨 상관이야!"

"엄마 아빠의 인생은 엄마 아빠 것이고 난 내 인생을 살 거란 말이야."

"더 이상 말하기 싫어!"

결국 소통의 단절이 찾아오고 만다. 다른 사람과는 말도 잘 통하고 의기투합해서 어려운 일도 척척 해결해나가는데 꼭 아이 앞에만 서면 막힌다. 불혹의 나이임에도 불구하고 자녀 문제에서만은 흔들릴 수밖에 없는 게 부모인가 보다.

마음을 바꾸면 말이 바뀐다. 아이에게 희망의 말을 전달해보자. 이때 'You' 화법이 아니라 'I' 화법으로 전달해야 한다.

"아빠는 네가 해낼 수 있다고 생각해. 그리고 도움이 필요하면 언제든지 말해."

"엄마는 네가 나의 아들, 딸인 것이 자랑스럽다."

"네 말에도 일리가 있네."

실패할 것을 알아도 지지해주고 힘을 불어넣어주자. 중2 아이들은 그때부터 비로소 부모와 소통하게 될 것이다. 실패하며 성장하는 시기가 사춘기다. 부모의 말 한마디가 중2 아이를 살리기도 하고 죽이기도 한다.

아이들 내면에 있는 강렬한 열정이 건전한 방향으로 표출된다면 아이는

여러 사람을 행복하게 만드는 사람으로 성장할 것이다.

아이를 지지하면

아이의 또 다른 모습을 발견하게 될 것이다.

02

반항? No!
아이는 홀로서기 중!

인생에 굴곡 한 번 겪지 않은 이가 과연 있을까? 살다 보면 헤아릴 수 없을 만큼 크고 작은 아픔을 겪는다. 영유아기의 아이는 자기 마음대로 되지 않아 아파한다. 사춘기의 아이 또한 마음대로 되지 않아 아파한다. 그러다 갱년기가 되면 또 아파할 것이다.

공통점은 시기가 지나고 나면 아픔은 훌훌 털어버리고 한 단계 성숙했다는 걸 느낀다는 것이다. 그 시기를 지나는 중이라도 아픔을 이겨낼 수 있는 방법이 있다. 서로 인정하면 된다. 대부분의 아픔은 사람의 관계에서 찾아오는 경우가 다반사다. 서로의 다름을 인정하고 상대의 존재를 존중하자.

센터 일을 보고 늦게 귀가한 어느 날의 일이다. 아내와 딸이 현관에 나와 반갑게 맞아주었다. 그런데 아들이 보이지 않았다. 먼저 자는 모양이었다. 아들이 잘 자나 보려고 아들 방으로 가보았는데 문에 못 보던 종이가 붙어 있는 게 아닌가? 종이에는 이렇게 적혀 있었다. '노크하고 들어오시오.' 그리고 조금 작은 글씨로 부제도 달아놓았다. '노크하고 들어오지 않으면 벌금 5,000원.', '불만이 있으면 작은 메모지에 써서 문에 붙여놓으세요. 특히 누나.'

열세 살이 된 아들이 방문을 걸어 잠그기 시작한 것이다. '아하, 드디어 올 것이 왔구나.' 하는 생각이 들었다. 그래서 존중해주기로 했다. 노크를 하고 방 주인의 허락을 받고 들어가서 아들을 안아주었다.

'방 주인 아들'에 대한 웃지 못할 일화가 하나 더 있다. 어느 날 깜빡하고 노크 없이 아들 방에 들어오는 엄마를 향해 아들이 소리쳤단다. "내 방에 들어오지 마! 빨리 나가!" 조용히 이어지는 엄마의 한마디. "내 집에서 내가 왜 나가니? 네가 나가렴. 나갈 때 내가 사준 속옷, 겉옷, 가방, 지갑 다 두고 나가!" 그 이후로 아들은 '집 주인 엄마'에게 소리를 높이지 못했다. 만약 아이 방에 그러한 문구가 붙어 있다고 서운해하지 말자. 이제는 독립된 존재로서의 삶을 살겠다는 일종의 신호로 받아들이자.

아들 성혁이와 딸 한나는 책을 많이 읽는다. 사람을 변화시키는 데 책만큼 강력한 영향력을 가진 것은 없다고 생각한다. 나는 독서 전문가 과정을 이수했고 덕분에 체계적으로 독서 수준을 업그레이드하며 아이들에게 독서의 재미를 알려줄 수 있었다. 책을 많이 읽어서인지 두 아이 모두 어휘력을 비롯해 인지 면에서 남다른 모습을 보였다. 그래서 나는 사춘기가 되어도 다른 아이들과는 다를 줄 알았다. 그런데 부모에게 위로의 말을 건네며 의젓한 모습을 보이다가도 철부지 같은 행동으로 화를 유발하기도 한다. 이러한 모습은 사춘기의 특징이다. 내 아이에게도 봄이 찾아온 것이다.

많은 부모들이 아이 방의 문이 닫혀 있으면 참지 못한다. '저 안에서 무슨 짓을 하고 있는 거야?', '이 자식이 반항하나?', '야동 보고 있는 것 아냐?' 하며 별의별 생각들로 마음이 어지럽다. 그러다가 못 참고 문을 벌컥 열고 고함을 지른다.

"야, 너 뭐하는 짓이야? 불만 있으면 말을 해!"

중2 전쟁의 서곡이 울려 퍼지기 시작한다. 부모의 감정과 아이의 감정이 스파크를 일으키며 돌이킬 수 없는 방향으로 흘러간다. 아이가 그 다음에 할 수 있는 일이 무엇이 있을까? 이제는 방문을 걸어 잠가버린다. 그러면 부모들은 더욱 화가 나서 고함을 지르며 방문을 거세게 두들기고 급기야 가정 내 폭력으로 이어지기도 한다.

아이가 방문을 닫으면서 부모는 아이와 점차 대화할 수 있는 기회를 잃어버리고 서로가 서로에게 서운한 감정을 갖게 된다. 한 집에서 아이 따로, 부모 따로 생활하게 된다. 거기에 미디어의 발달로 인해 더욱 따로 놀기 십상이다. 방 문을 걸어 잠그고 스마트폰을 하는 아이, 안방 침실 한 이불 속에서 아빠 따로 엄마 따로 스마트폰을 하는 부모….

겉으로 드러나는 건 '아이의 닫힌 방문'이다. 이를 두고 부모들은 "아이가 마음의 문을 닫고 말을 들으려 하지 않는다."라고 한다. 그러나 문제는 제대로 된 접근을 하고 있느냐이다. 부모가 알고 있고 겪었던 일방적인 감정적 대화법을 사용하고 있지 않은지 생각해보자. 한 엄마는 이렇게 말했다.

"아이와 이야기하면 미쳐버릴 것 같아요. 도대체 어디에 대고 이야기를 하는지 모르겠어요. 듣고 있는 태도를 보면…. 맘 같아서는 한 대 쥐어박고 싶다니까요."

하지만 정작 중2 아이가 하는 말은 다르다.

"내 얘기는 들으려 하지도 않아요. 아니 말할 기회를 안 주세요. 무슨 말만 하면 왜 화부터 내는지 모르겠어요. 아마 우리 부모님은 내가 창피한 모양이에요."

서로를 인정하고 받아들이는 데서 차이가 있기 때문이다. 서로가 서로에 대해서 겉모양만 보고 자신의 생각을 표출하고 만 것이다. 먼저는 아이의 생각을 존중하고자 하는 전제를 깔고 가야 한다. 사춘기는 어린 아이에서 성인으로 자라나고 있는 '중간기'이므로 부모의 많은 이해가 필요하다. 아이 자신도 자신에 대한 정체성을 찾아가고 있는 중이기에 아이만의 공간에서 홀로 있는 시간이 필요하다.

대부분의 아픔은 사람의 관계에서 찾아오는 경우가 다반사다. 서로의 다름을 인정하고 존재를 존중하자.

03

넌 사춘기, 난 갱년기

아이들은 어느 순간부터 부모를 찾지 않는다. '엄마 껌딱지'였던 아이가 언제부터인지 곁에서 멀어져 있는 것을 발견하게 된다. 사춘기가 시작된 것이다. 이제는 독립적인 존재로서의 삶을 살기 위해 서서히 준비하는 셈이다. 부모 눈에는 그것이 미숙하고 불안해 보이지만 사춘기의 아이는 홀로서기의 한 걸음을 내디딘 것이다. 아이의 사춘기와 부모의 갱년기는 시기가 비슷하다. 갱년기가 시작되면 체력이 떨어지고 우울해지기까지 한다. 갱년기 증상을 해소하지 못할 경우 자녀에게 집착하고 사소한 실수에도 화를 내게 된다. 급기야 사춘기 아이와 감정적 벽이 생기고 불화가 시작된다.

자녀를 어린아이 취급하고 통제하려 할 때 아이들은 도망치려 한다.

독립을 위해 쟁투를 벌이고 친구들과 어울리며 때로는 외박이나 가출을 하기도 한다. 이러한 변화에 준비가 되지 않은 부모들이 '정신적 이상이 있지는 않나?' 하며 미숙한 대응을 하여 상황을 악화시키는 모습을 많이 보았다.

조금만 눈을 돌리면 사춘기 아이에 관한 조언이 담긴 글이 많다는 걸 알 수 있다. 물론 알더라도 다 생활에 적용하는 게 쉬운 일은 아니지만 더 심각해질 수 있는 상황을 완화시킬 수 있다. '내 아이는 내가 더 잘 안다.'라는 식의 생각은 이제 지워버리자. 사춘기의 중2 아이들을 이해하기란 결코 만만한 일이 아니다.

떠나보내는 연습

사춘기 아이와 갱년기를 시작하는 부모 사이에 준비해야 할 것이 있다. 심리적 거리감이다. 쉬운 말로 하자면 옆에서 지켜보자는 말이다. 지금까지 아이가 부모를 떠나 있어 본 적이 없다. 부모 또한 마찬가지다. 아이를 떠나서 살아본 적이 없다. 늘 마음의 중심에는 아이가 자리 잡고 있다. 그런데 아이가 홀로서기를 하려 한다.

사춘기 아이들이 이제 본격적으로 독립된 존재로서의 삶을 살고자 할 때 찾아오는 허무함이 있다. 이를 일컬어 '빈 둥지 증후군(empty nest syndrome)'이라 말한다. 특히 중년 엄마들에게 많이 나타난다. 남편은 바깥일로 바쁘고 사춘기인 아이들은 독립하기 위해 멀어지고 자신은 갱년기가 찾아왔다. 이로 인해 신체적·정신적 이상 현상들이 생겨 심리적으로 불안하고 우울해한다. 자녀들이 장성하고 엄마로서 역할을 상실했다는 걸 느끼고 이는 자신이 쓸데없는 존재가 되었다는 생각으로 이어져 힘들어한다. 그렇다고 사춘기에 접어든 아이에게 목매는 것은 아이도 죽고 나도 죽자는 것이다. 그럴수록 아이를 삶의 중심에서 약간 옆으로 비켜두고 독립된 존재로서 인정해주는 마음이 필요하다.

내 곁에는 아이들이 많다. 나의 자녀뿐만 아니라 찾아오는 아이들, 찾아가는 아이들, 가르치는 아이들, 상담하는 아이들…하나같이 사춘기의 절정을 맞이하고 있는 아이들이다. 그들과 이야기하다 보면 마음이 따스해지기도 하고 쓰리기도 하다. 말로 표현할 수 없을 정도의 아픔을 느낄 때도 있다. 나는 그들의 고민과 아픔을 마음과 귀를 열고 들어준다. 내가 해줄 수 있는 것은 이야기를 들어주고 필요하다면 지역사회의 자원과 연계해주는 일 정도이다.

내게도 갱년기가 찾아왔다. 답답한 마음이 계속되자 표정으로 드러난 모양이었다. 주변에서 무슨 일이 있는지 물어왔다. '나가서 마당이라도 쓸자.' 싶어 정장 외투 윗도리를 벗고 와이셔츠의 손목을 풀어 걸어 올렸다. 빗자루를 찾아다 마당을 쓸었다. 정원에 잡초들이 보였다. 그냥 둘 수가 없어 하나둘 뽑다 보니 모조리 뽑게 되었다. 둘러보니 마당도 깨끗하고 정원도 깔끔하게 정리되었다. 어느덧 마음속에 앙금으로 남아 있던 생각들 역시 정리되었다.

사춘기의 최고봉에 있는 중2 아이들은 홀로서기를 원한다. 그런데 심각한 간섭은 아이들의 반감을 사게 된다. 한 발자국 물러나 있는 지혜가 필요하다. 아이들이 독립을 원한다니 부모도 독립적인 무언가를 할 수 있는 좋은 기회이다. 빈 둥지 증후군에서 벗어나기 위해 무엇이라도 하

자. 마당을 쓰는 일이건 무엇이건 말이다.

이 시기를 삶의 우선순위를 재배치하는 기회로 삼아보자. 지금까지 남편과 아이들이 먼저였다면 초점을 자신에게 맞추는 것이다. 이 땅의 모든 엄마들이 그러하듯이 자신의 아이들이 항상 최우선의 자리에 있었는데 어느 날 아이가 품을 떠나려 한다. 그때 찾아오는 허무함이란 이루 말할 수 없다. 섭섭하다는 생각 대신 이제 나를 위해 시간과 돈을 투자하겠다는 마음을 가져보자.

건강한 자아를 만들어가는 일에 주력한다면 다른 사람들이 먼저 변화를 느끼게 될 것이다. 아이들도 예외는 아니다. 부모가 활기를 찾기 시작하면 아이들도 눈을 반짝이며 관심을 갖는다. 한결 부드러워지고 여유가 있어 보이는 모습은 아이들에게 또 다른 안정감을 준다. 아이들은 자신을 통제하고 건강한 자아를 만들어가는 부모의 모습을 보고 배운다. 아이는 부모의 모습뿐 아니라 마음까지 보고 자란다는 사실을 잊지 말아야 한다. 아이들이 즐거워할 것이다. 부모가 아이의 대견함을 보고 뿌듯해하듯이 말이다.

사춘기 자녀, 갱년기 부모
서로 성장하고 성숙하기에 좋은 시기가 아닐까?

04

부모 마음 몰라주는 아이

사람이 타인을 이해한다는 것은 쉬운 일이 아니다. 남은 잘 배려하면서 정작 가족에게는 함부로 대하는 경우가 많다. 누구보다 가깝고 너무나도 서로에 대해 잘 알고 있기 때문일까? 사춘기 아이는 부모의 이러한 모습을 보고 쇼크를 받는다. 아이 입장에서는 폭력으로 보인다. 마음이 여리든 강하든 아이는 모두 그들 나름대로의 방어기제를 발동시킨다. 부모를 향해 마음을 닫아버리고 혼자만의 세계로 숨어버린다.

요즘 아이들은 외동이가 많다. 부모와 자신뿐이다. 그러다 보니 부모와의 대화 단절은 또 다른 돌파구를 찾게 만든다. 스마트폰이나 컴퓨터로 자신의 외로움을 달래며 온라인 상에서 친구들과 소통하거나 게임에 푹 빠져들기도 한다. 자신을 잘 알지 못하는 누군가와 어울리기를 즐긴다. 왜냐하면 나 자신에 대해서 알릴 필요가 없을 뿐만 아니라 게임을 위한 전략, 즉 목적에 의해서 만난 사람들이기에 목적이 사라지면 다시 만날 필요가 없기 때문이다. 그러다 보니 부모와의 대화는 최소한의 이야기만 하는 상황이 되고 만다.

"학교 다녀왔습니다."

"그래. 밥은 먹었니?"

"네."

"어디서 먹었어?"

"분식집에서요."

방문을 닫고 들어가서는 나올 생각을 하지 않는다. 닫힌 문을 보는 부모는 마치 캄캄한 밤 사막에 홀로 서 있는 듯한 느낌이다. 서로의 생각을 나눌 수 있는 계기가 없다.

공감능력의 부족

사춘기 중2 아이들은 자신의 생각을 조리 있게 표현하는 능력이 덜 발달했다. 가지고 있는 생각은 있지만 무엇이라고 말해야 할지 모른다. 그럴 때는 무조건 다그치지 말고 정확히 물어보아야 한다. "네가 말하고자 하는 것이 이것이 맞니?"라고 재확인하자. 그리고 잘못된 말과 행동을 할 경우 바로잡아주는 것이 중요하다. 이때 부모의 감정을 과도하게 넣어서 말한다면 사춘기 아이들은 부모님이 화를 낸다고 생각하기 쉽다. 아이가 공감할 수 있도록 도와주어야 한다. 특히 중2 아이들은 넘치는 힘과 감정을 제어하지 못해 실수할 때가 많다.

“네가 만약 상대방이라면 어떻게 하겠니?”

“아빠는 네가 다른 아이들 입장에서 생각하고 말하면 참 좋을 것 같아.”

자칫 잘못하면 아이를 다그치는 것처럼 들릴 수 있다. 아이의 이야기를 참을성 있게 기다리고 들어주는 게 중요하다. 속에서 끓어오르는 화를 참지 못한 부모가 먼저 정의를 내려버리면 아이는 ‘그럼 그렇지.’ 하고 삐딱선을 타기 시작한다. “엄마 아빠하고는 말이 안 통해.” 하며 다시 자신만의 굴속으로 들어간다. 아이에게 공감능력을 요구하기 전에 먼저 부모부터 아이와 공감할 수 있는 내공을 키워야 한다.

어느 날 잘 알고 지내던 중학교 2학년 아이가 찾아왔다. 아이는 부모에 대한 불만을 잔뜩 토해냈다. 들어보니 부모가 아이와의 소통에 충분한 시간을 들이지 않고 의사 전개를 한 경우였다. 아이가 부모의 생각을 몰라줄 수밖에 없다. 부모가 자기 내면의 소리만을 고집했기 때문이다. 나는 아이에게 물었다.

“그래서 엄마 아빠의 생각이 뭔 것 같니?”

“저도 잘 모르겠어요. 부모님이 저에게 큰소리만 질렀지 뭐라고 이야기하는지 하나도 귀에 들어오지 않았어요.”

“부모님이 부모 되는 법을 배우지 못해서 그래. 몰라서 그러시는 거야. 그럼 넌 이다음에 부모가 되면 어떻게 할 거니?”

“저도 부모님처럼 하겠지요?”

서로 이해하기 위해서 필요한 것은 자신의 이야기를 늘어놓는 것이 아니라 들어주는 자세이다. 그것이 ‘경청’이다. 이는 말을 들어주는 것

뿐만 아니라 행동이나 표정 같은 비언어까지 정확히 읽어내는 것을 포함한다. 대부분의 문제는 서로 말하고자 하는 부분을 이해하지 못해서 일어난다. 철학자이자 사회이론가인 위르겐 하버마스는 "생활세계는 언어와 행위의 주체로서 인간들이 합리적 토론을 통해 진리를 상호 검증할 수 있는 '의사소통적 합리성'이 가능한 세계를 뜻한다."라고 했다. 생활 속에서 의사소통이라는 것을 통해 충분히 서로에 대해서 알아갈 수 있고 서로의 의견 조율을 통해 상황에 맞는 결론을 도출해낼 수 있다.

중2 아이들은 이성적 판단이 미숙해 '합리적 토론'이 불가능할 수도 있다. 하지만 처음부터 완벽한 사람이 어디 있겠는가? 훈련과 교육을 통해서 점차적으로 사회적으로 의사소통이 가능한 사람으로 변모해가는 것이다. 이 부분은 어느 누구도 아닌 부모의 영향을 받는다는 사실을 기억하자.

서로 이해하기 위해서 필요한 것은
자신의 이야기를 늘어놓는 것이 아니라
들어주는 자세이다.

05

아이에게 부모 마음을 알려라

누군가의 마음을 알아준다는 것은 그만큼 성숙했다는 증거다. 서로의 내면을 살피고 필요를 채울 줄 아는 사람이 환영받는 사회를 만들어야 한다. 지금의 형국을 보면 그렇지만도 않다. 어떻게 해서든지 나만 잘 살면 된다는 생각들이 알게 모르게 퍼져 있다. 오늘 내일의 일도 아니다. 이런 생각들이 언제부터 사람들의 머릿속에 자리 잡기 시작했을까? 물론 사람마다 차이가 있겠지만 정체성을 세워나가는 사춘기 시절이 아닐까 싶다. 가치관을 세우는 과정 중에 외부에서 긍정적인 영향을 받아도 내부에서 오염이 생길 수 있다. 여기서 내부의 영향은 부모의 가치관을 말한다. 다시 말해 아무리 훌륭한 멘토를 만나도 내면 깊숙이 부모의 가치관이 자리 잡혀 있다는 것이다.

아이는 뒤통수에도 눈이 달렸다

아이들은 부모에게 말하지 않지만 가장 가까이에서 모두 지켜보고 있다. 부모의 삶을 알고 있고, 어떻게 지금까지 살아왔는지 세세히는 알 수 없지만 눈대중으로 알고 있다. 그런데 여기서 문제는 아이들이 '나름대로' 알고 있다는 것이다. 자세한 내막을 알고 있는 것이 아니라 겉으로 드러난 것만 본다는 것이다.

요즘 아이들이 즐겨 입는 옷이 있다. 눈여겨본 부모들은 알겠지만 삼선줄무늬가 들어간 아XXX 브랜드의 옷이다. 많은 아이들이 그 옷을 입고 다닌다. 교복이 있음에도 불구하고 삼선줄무늬 옷을 교복인양 입고 다닌다. 그 옷이 뭐라고 그렇게 열심히 입고 다니는지 모르겠다. 운동복일 뿐인데….

"한나야, 저 옷을 왜 다들 입고 다니는 거니?"

"좀 있어 보이는 아이들이 입고 다녀. 저 상의만 해도 십만 원쯤 하는 거야."

운동복 상의만 십만 원이라…. 한 번도 딸에게, 아들에게 사줘본 적이 없는 금액이었다. 하의까지 합치면 도대체 얼마라는 것인지. 금액은 둘째치고 운동복을 입고 다니는 아이들이 부러움의 대상이라는 것이 씁쓸했다. 자기 과시를 위해 혹은 유행에 뒤처지지 않기 위해 그런 스타일의 옷을 입는 아이들의 머릿속이 궁금해지는 순간이다. 어디에서부터 저런 생각이 흘러들어갔을까?

부모들은 아이들을 위해서 최선을 다한다. 어린 시절에 아이들이 기죽을까 봐 있는 돈 없는 돈 짜내서 명품 옷과 신발, 장난감을 사준다. 초등학교에 들어가서도 마찬가지다. 가방부터 시작해서 보이는 것은 전부 최고의 것을 준비해서 보낸다. 그 이유가 무엇일까? 그렇게 하고 가지 않으면 다른 아이들이 무시한다고 생각하기 때문이다. 사춘기에 들어서는 아이들은 자신의 가정 형편을 차츰 깨닫기 시작한다. 자신의 욕구를 채워주지 못하는 부모에게 실망하고 돈이 필요할 때 쓸 수 있는 돈이 없다고 하면 있는 짜증 없는 짜증을 낸다.

돈이 아까워서? 아니, 아이를 망칠까봐

우리는 45세에 명예퇴직을 걱정해야 하는 시대에 살고 있다. 정작 아이들에게 들어가는 비용이 많아지는 때에 경력이 끊어질 수 있다. 부모의 정신적 압박감은 이루 말할 수 없다. 오죽하면 제2의 인생을 준비하려는 바람이 불고 있겠는가? 새로운 기술을 익히고 또 다른 직장에 들어가기도 한다. 이제는 맞벌이 부부가 당연시 여겨지는 시대다. 맞벌이를 하지 않으면 가정을 유지하기 힘든 실정이다.

아이들이 커 갈수록 들어가는 돈이 많아진다. 교복 비용도 만만치 않다. 학교에서 교복 물려주기 운동을 하지만 요즘 아이들이 어디 중고 교복을 입으려 하느냐 말이다. 몸에 잘 맞지 않아 수선을 한다. 옷이 낡았다고 투덜거리기도 하고 오만상을 찡그린다. 문제지, 학원비, 과외비 등등 돈 들어갈 곳 투성이다. 그뿐인가? 해달라고 하는 것은 얼마나 많은지. '머리해야 한다.', '친구 생파(생일파티)에 가야 한다.', '친구들과 놀러 가기로 했다.' 등등. 부모는 다 해주고 싶다. 그러나 그게 맘대로 되느냐 말이다. 해줄 수 있는 형편이 된다 해도 무조건 들어주어서는 안 된다. 아이들이 해달라고 하는 것을 다 해주는 순간 그들의 인생을 망치기 시작한 것이다.

　아이들에게 알려주어야 한다. 초등학교 때부터 아이에게 가정 형편을 정직하게 알려주는 것이 제일 좋다. 사춘기가 시작되는 4학년쯤이 좋겠다. 그리고 올바른 삶이 무엇인지, 분수에 맞는 삶이 무엇인지 같이 생각해보는 것도 나쁘지 않다. 아무 생각 없이 귀찮다고, 시간이 없다고 그냥 넘어가 버리면 이 세상을 살아가는 참다운 의미나 남을 생각하는 마음은 그 아이 마음속에서 찾아보기 어렵게 될 것이다. 지금이라도 늦지 않았다. 아이들에게 가정 형편을 알리자. 가난한 것이 부끄럽고 창피한 것이 아니라 조금 불편할 뿐임을 알려주고 정직한 삶 가운데 찾아오는 소소한 즐거움을 안겨주자.

아이가 초등학교 4학년이 되면
정직하게 가정의 경제 형편을 알리자.

06
·····

나이가 많으니까
어른이다?

　부모는 천하무적이 아니다. 일상에 지치고 때로는 마음이 너무 아파 숨이 막힐 때도 있다. 하지만 '어른이고 부모니까' 아이들에게 이를 내색하지 않는다. 특히 대한민국 부모는 자녀에게 '미안하다'라는 말 한마디를 하기 힘들어한다. 부모의 권위를 내세우며 아이에게 지시하는 걸 더 쉽다고 생각하는 것 같다.

　중2 자녀를 둔 부모의 연령대를 보면 40대 중후반에서 50대 초반이다. 인생의 희로애락을 겪을 만큼 겪었고 그만큼 내공도 쌓였다. 그런데 '어른의 마음'이 아닌 '아이의 마음'인 부모가 늘어나는 추세다. 아이를 양육하고 있지만 마음만은 여전히 아이의 마음을 가지고 있는 '어른 아이' 같은 존재다. '다 자라 남을 배려하고 수용할 줄 아는' 사람을 어른이라

할 수 있다. 간혹 자신의 감정을 제어하지 못해 마구 폭언과 폭행을 일삼는 부모들을 볼 때면 아직 철이 덜 들었구나 하는 생각이 든다.

누가 어른이고 누가 아이인가?

누구나 약한 부분이 있다. 그러기에 인간은 자아실현을 목표로 전진하며 살아간다. 약함을 극복하고 안정적인 삶을 살기 위해 부단히 노력하는 모습을 심심치 않게 볼 수 있다. 그 약함이 언제 드러나는가? 삶의 전환점이 찾아올 때, 신체의 변화를 느낄 때 정도가 아닐까. 변화는 위험인 동시에 기회다. 다만 변화가 찾아올 때 적절히 조절할 수 있는 능력이 없다면 후회만 남을 수 있다.

사춘기의 정점인 중2 아이와 갱년기인 부모는 각자 변화의 순간을 맞이한다. 이때 서로의 감정만을 앞세우며 기 싸움을 일삼는다면 소비적인 삶을 살 수밖에 없다. '애나 어른이나 똑같다.'라는 말을 들어본 적이 있을 것이다. 아이에게는 이 말이 어떻게 받아들여질지 모르겠으나 어른인 부모에게는 수치로 느껴질 것이다. 그 말을 듣는 순간 '어른 아이' 같은 존재로 추락하기 때문이다.

부모라면 아이와 똑같아서는 안 된다. '네가 나한테 이렇게 했으니까 나도 이렇게 할 거야.'라는 발상은 부모에게 치명적이다. 중2 아이들은 끊임없이 부모를 화나게 한다. '어떻게 하면 부모를 더 곤란하게 만들 수 있을까? 하는 궁리만 하며 살아가는 아이처럼 느껴지기도 한다.

한나가 친구들과 떤 수다를 엄마에게 들려주었단다. 연예인 이야기, 잘생긴 오빠 이야기, 추천 화장품 등 아이들 이야깃거리란 게 뻔하다. 그러다가 마음이 내키면 자기들이 좋아하는 가수의 노래를 부르거나 춤을 춘다. 그리고 또 하나 빠지지 않는 이야깃거리가 있다. 바로 부모에 대해 서다.

"우리 아빠는 맨날 팬티만 입고 돌아다닌단 말이야. 나도 이제 다 큰 숙녀인데…."

"말도 마. 우리 엄마 아빠는 어제 싸웠어. 그것도 치고 박고 말이야…. 무서워 죽는 줄 알았어."

"아빠가 19금 영화를 보고 있는 거야. 근데 그게 딥키스하는 장면이 었어. 얼마나 민망하던지. 그다음 장면은 안 봐도 뻔하지…. 그래서 빨리 방으로 들어가버렸어."

이제 한나가 말할 차례가 되었다고 한다. 자기도 무언가 부모님의 안 좋은 모습을 이야기해야 할 것 같은 분위기였단다.

"음…. 난 말 안 할래. 우리 부모님을 보호해야 돼."

아내로부터 상황을 전해 듣는 순간 '아, 내가 대충 살지는 않았구나.' 하는 생각이 들었다. 아무리 깨끗한 사람이라도 뒤가 구리지 않은 사람 은 없다. 나의 삶 또한 마찬가지다. 목회자로서의 삶을 살지만 완벽하지 는 않다. 오히려 사람들이 높은 수준의 윤리를 요구하기에 조그마한 실 수에도 상처가 크게 날 수 있는 위치에 있다. 한나에게 가장 감동받은 부 분은 사춘기 아이로부터 보호를 받았다는 것이다. 부모로서 큰 기쁨이 아닐 수 없다.

오프라 윈프리는 "당신은 움츠리기보다는 활짝 피어나기 위한 존재 입니다."라고 말했다. 자녀교육에서 성공과 실패라는 말은 어울리지 않는다. 어디까지가 성공이고 실패인지 정의하기가 쉽지 않다. 그러나 한 가지 분명한 사실은 아이나 부모나 활짝 피어난 존재로서의 삶을 살기 원한다는 것이다. 중2 아이가 지향하는 바가 무엇인가? '어른'이 되는 것이다. 부모인 우리가 지향하는 바가 무엇인가? '진정한 어른의 삶을 사는 것'이다. 아이나 부모나 '어른'을 향해서 나아가고 있다. 단순히 나이가 들었다고 어른이 아니다. 누군가를 배려하고 인정하고 이해하는 삶이야말로 어른다운 삶이라고 감히 말할 수 있다.

미디어를 통해 종종 병에 걸려 생사의 기로에 서 있는 아이들을 만난다. 아픈 만큼 성숙한다고, 그 아이는 이미 세상을 통달한 사람처럼 말한다. 마치 삶의 깊은 고뇌를 견디어 낸 어른이 하는 말처럼 이야기한다. '저 조그마한 아이가 무엇을 안다고….' 마음이 저며온다.

부모가 어른의 마음을 가지고 중2 아이들을 이해하고 헤아려준다면 아이들 또한 부모의 그 마음을 충분히 이해해줄 것이다. 사춘기인 아이도 갱년기인 부모도 변화를 기회로 삼아보자. 성장할 수 있는 절호의 찬스다.

"당신은 움츠리기보다는 활짝 피어나기 위한 존재입니다."

07

권위 내세우는 부모
저절로 존경받는 부모

갱스터 영화를 보면 갱들끼리 '패밀리'라고 부른다. 혈연관계가 아님에도 불구하고 어떠한 일이 생길 때 물불을 가리지 않고 도와준다. 오히려 가족보다 더 끈끈하다. 이들 사이의 끈끈함을 '유대감'이라 표현할 수 있다. 대한민국 가정은 어떤가? 유대감이 메말라 있다고 생각하진 않는가. 하루에 한 끼도 온 식구가 함께 밥을 먹기 힘들고 서로의 얼굴을 마주보고 생각을 나누는 것은 더욱 힘들다.

사춘기에 호르몬의 변화가 일어나고 신체적으로도 큰 변화가 일어난다. 이런 변화로 심리적 충격이 발생하면 아이들은 불안해한다. 여러 요인의 불균형으로 아직 미숙한 부분이 많다. 걷잡을 수 없는 변화들을 겪는 중이다. 아이들은 자신이 겪는 변화에 대해서 이야기할 사람이 필요하다. 이해해줄 누군가를 바란다. 부모는 자신을 돌봐주고 있지만 자신의 가장 절실한 부분은 채워주지 못해 '패밀리'로 인정하지 않는 경향이 있다. 또래친구에게 더 유대감을 느낀다.

중2 아이들이 항상 적대적인 것은 아니다. 자기들이 꼬리를 내릴 수 있는 존재에 대해서는 순한 양처럼 바뀐다. 자신이 인정하는 사람이 한 말에 대해서는 마음 깊이 새기고 기억한다. 바로 권위에 대한 순복이라 할 수 있다. 부모가 권위를 상실한 이유는 많겠지만 그중 하나를 뽑아보라고 하면 '부모가 권위를 가져본 적이 없어서'라고 답하겠다. 권위를 가져본 적이 없으니 어떻게 사용해야 하는지 모르는 것이다. 여기서 '권위'를 '시키는 대로 해야 하는 것'에 제한을 둔다면 아이들은 반항할 수밖에 없다. 아이는 인격적 존재로서 대우받고 싶어 한다. 어른과 동등한 위치에서 자신의 의견을 피력하길 원하는데 부모에게 무시당한다면 적대적이 될 수밖에 없다. 무작정 억누르는 것도, 무제한으로 방임하는 것도 좋지 않다.

소통을 전제로 하는 권위

학교마다 소위 말하는 '문제아들'이 있다. 특히 중학교는 더욱 심하다. 이들을 조금이라도 올바른 길로 이끌고자 많은 노력을 하는데 그중 하나는 심리상담 치료다. 미술, 음악치료 등등 다양한 기법을 동원한다. 그런데 문제는 다양한 아이를 한군데에 몰아넣고 획일적인 치료를 한다는 점이다. 학교는 학교대로 대책을 마련했다는 것을 상위기관에 보고하기 위해 대안을 마련한 것처럼, 또 강사들은 자신이 하고 있는 치료 행위들이 정말 효과가 있는 것처럼 떠들어 댄다. 물론 모두가 그렇다고 말하는 것은 아니다. 하지만 아이들이 뒤에서 하는 말을 들으면 학교나 강사가 하는 치료 행위의 효과에 의구심이 든다.

"도대체 우리 여기서 뭐하는 거니?"

"존나 재미없네. 그냥 토낄까?"

"그럼 내일 어떻게 하려고, 담탱이가 가만있지 않을걸."

"그냥 떠들든지 말든지 시간 때우다 가면 되지."

"야, 가서 담배나 피우고 오자."

과도한 권위 아래의 치료 행위로는 변화의 진위 여부를 따지기가 어렵다. 선생님이 하라고 하니까 그냥 하는 것이다. 이것은 부모에게도 적용된다. 부모의 권위 아래서 부모가 시키니까 자기의 의지와는 상관없이 무조건 하고 본다. 중2 아이들은 자기들 마음에 들지 않으면 하는 시늉만 할 뿐 정작 받아들이지는 않는다.

나는 아이들의 생각을 들여다보아야 할 때 최대 5명을 넘지 않는 그룹을 만든다. 그리고 아이들과 대화할 때 실컷 웃는다. 재미있는 이야기, 엉뚱한 이야기, 연예인 이야기를 하며 마음의 문을 여는 것이다. 여기에 한 가지 더 필요한 것이 있는데 먹을 것이 빠져서는 안 된다. 차가운 분위기를 자신의 말을 할 수 있을 정도로 따스하게 만드는 과정을 '아이스 브레이크'라고 한다. '아이스 브레이크'의 시간을 보낸 다음에는 비로소 아이들의 속을 들여다볼 수 있는 질문을 던지며 함께 문제를 생각해본다. 주의해야 할 것은 '웃음'이 빠져서는 안 된다는 점이다. 웃음은 자연스러운 분위기를 만들기 위해 필수적인 요소다. 웃음이 안 보이면 다시 웃

음을 만들어내는 액션이 필요하다. 웃고 떠드는 사이 어느덧 자신들의
문제점을 내게 이야기한다. 그제서야 나는 아이 안에 담긴 속말을 알 수
있게 된다.

중2 아이들은 절대 쉽지 않다. 무언가를 가르치려고 들면 거부반응을
보인다. '나는 너와 동일한 생각을 가지고 있고 너의 아픔을 진정으로 슬
퍼한다.'라는 신뢰관계를 형성하는 시간이 반드시 필요하다. 가정에서
도 마찬가지다. 웃음이 떠나지 않도록 분위기를 조성하고 언제든지 부모
에게 털어놓으면 마음이 편안해진다는 생각을 갖게 만들어주어야 한다.
꼭 해결까지 이어지지 않아도 된다.

한 가지 더 보탠다면 부모는 스파링하는 사람과 같아야 한다. 다시 말
해 상대 선수와 호흡을 맞추며 훈련을 시켜야 한다. 그냥 웃고 떠드는 것
은 친구와도 할 수 있는 일이다. 하지만 부모는 거기에 기술적 코치까지
할 수 있어야 한다. 친구들과의 대인관계, 학습 등 다방면에서 코칭할 수
있어야 한다. '난 이미 코치하고 있는데….'라고 생각할 수 있다. 부모
는 자기 팀이 승리할 수 있도록 도와주는 유능한 코치가 되어야 한다. 인
생이라는 경기장에 우뚝 설 수 있도록 아이에게 강인한 정신력을 키워줄
수 있는 코치 말이다.

유대관계가 돈독한 가정은 쉽게 무너지지 않는다. 혹여 무너진다 하
더라도 다시 일어설 수 있는 힘을 가지고 있다. 그런데 아예 유대관계가
없는 집은 다시 일어서기 쉽지 않다. 아이가 인정할 수 있는 부모로서의
권위를 가지고 스파링하듯이 아이를 리드해야 한다. 그러기 위해서는 전
문적인 지식이 필요하다.

　본인 스스로 하기 어렵다면 도움을 받을 수 있는 여러 방법을 생각해 두어야 한다. 이론에 자신없다고 지레 겁먹지 마라. 아이를 사랑하는 진심어린 마음만 있다면 문제없다. 부모와 아이 간에 밀당이 필요하다. 사랑이 아니고서는 훈계나 어떠한 책망도 하지 마라.

" 사춘기,
아이 옆에서
응원하는 부모 "

01

덩치만 컸어!
생각은 언제 크지?

어렸을 때 느낀 봄과 사춘기 아이를 둔 부모가 된 지금 느끼는 봄은 참 다르다. 어렸을 때는 봄에만 할 수 있는 일들이 있었다. 얼음이 막 녹고 물이 논에 고여 있는 모습을 보았다. 논에 있는 물임에도 불구하고 '참 맑다.'라는 생각을 했던 기억이 있다. 풀이 나기 시작하면 연초록이 가득한 잎을 따서 하늘에 뿌려보기도 했다. 그렇게 봄을 체감했다. 그런데 지금은 봄인가 보다 하면 휙 하고 지나간다. 삶의 무게와 속도로 인해 봄을 느낄 새가 없는 듯하다.

내 아이에게 찾아온 봄, 사춘기. 마냥 어린아이로 보이던 아이가 어느 순간엔가 쑥 자라 있다. 딸아이는 엄마보다 키가 더 컸고 아들아이는 제법 남자 냄새를 풍긴다. 운동을 좋아하는 아들아이는 하루가 멀다 하고 내게 와서 근육이 많이 붙은 것 같다고 자랑한다. 내가 보기에는 거기에서 거기 같은데 말이다. 딸아이와 아들아이가 쑥쑥 자라나는 것을 보면 대견하기도 하고 기쁘기도 하다. 하지만 언젠가는 내 품을 떠나겠지 하는 생각이 들 때면 섭섭한 마음이 앞서는 것은 어쩔 수 없다. 모든 부모의 마음이 이러하리라.

아쉽게도 아이들은 잘 모르는 듯싶다. 오로지 자기들이 관심을 가지는 대상에만 에너지를 뿜어낸다. 아직 경험도 없고 어려움을 돌파할 만한 정신력이 없기에 미숙한 정신세계를 가지고 있는 것은 당연하다.

중2 아이들은 어른에 비해 감정세분화 능력이 미숙하다. 예를 들어 10 정도의 화를 내면 될 것을 조절이 미숙하다 보니 과하게 20 정도의 반응을 보인다. 정신적으로 미숙함을 보이는 것은 곧 생물학적인 것과 연관이 있다. 이러한 모습들이 부모의 눈에는 '반항'으로 보인다.

부모의 관점이 아이를 만든다

중2 아이들은 몸만 성장했지 정신세계는 여전히 미성숙하다. 겉으로 보이는 것과 사뭇 다르다는 것을 알아야 한다. 아이들이 여기저기서 부딪히고 깨지는 모습에 대해 부정적인 생각을 가질 게 아니라 인생공부한다고 생각해야 한다. 부모로서 어떤 시각을 가지고 바라볼 것인지가 중요하다.

어떻게 살아가야 할지 정보가 없는 상황에서 주변 사람들의 한마디는 중2 아이를 크게 만드는 원동력이 되기도 한다. 친구들이 나를 불러주는 별명에서, 부모가 자기를 바라보는 시각에서, 주변에서 듣는 말에 의해서 자신의 정체성을 정의한다.

"넌 안 돼!"

"네가 하는 일이 그러면 그렇지."

"널 낳고 내가 미역국을 먹었으니…."

부정적인 시각과 말을 접한 아이들은 부정적으로 반응할 수밖에 없다. 사춘기는 자기가 어떻게 정의되는가를 중요하게 여기는 시기다. 그런데 가장 가까이에 있는 이들로부터 인정받지 못하고 부정적인 정의가 내려진다면 어떻게 되겠는가. 사춘기에 막 접어든 아들아이에게 내가 가끔 하는 말이 있다.

"넌 나의 영웅이야."

"널 보면 힐링이 되는 것 같아."

자신이 아빠의 영웅이라니 내심 좋아라 한다. 아빠가 괴물을 보듯이 자신을 보는 것이 아니라 인정해주고 사랑해주는 것이 느껴진다면 아이는 아빠의 말에 긍정적인 반응을 보일 수밖에 없다. '날 보면 치료가 되는 건가? 말은 하지 않지만 얼굴에 쓰여 있다. 좋아 죽겠다고.

특히 남자는 영웅이 되고 싶어 한다. 그렇게 만들어졌다. 슈퍼히어로에 정신을 팔고 그 모습을 흉내 낸다. 부모세대의 영웅이 있다. 슈퍼맨이 나오는 영화를 기억할 것이다. 슈퍼맨이 TV에 나왔다 하면 다음 날 어김없이 빨간 보자기 망토를 두르고 골목을 누비는 아이들이 있었다. 요 근래에도 그런 꼬마를 보았는데 슈퍼맨은 아닌 것 같고 다른 애니메이션을 본 모양이었다. 비록 흉내 내는 영웅은 다를지언정 남자는 영웅이고자 한다. 나도 그랬고 나의 아들도 그렇다. 남자는 세계를 구하는 영웅이 되고 싶다. 아빠의 영웅이라 하면 아빠가 힘들어하고 도움이 필요할 때 내가 도와주어야겠다는 생각이 들지 않을까?

좌충우돌의 미숙함은 정상

중2 아이들이 어른인 척하는 것은 당연하다. 말하는 것이나 행동하는 것이 미숙해서 문제지 그들의 반응은 정상이다. 아이들은 겉으로 보이는 것만 인식하고 자기의 정신세계도 어른 못지않다고 생각하는 경향이 있다. 그러나 막상 문제에 직면하게 되면 아이들은 어떻게 해결해야 할지 막연해한다. 단순한 문제임에도 불구하고 엉뚱한 방법으로 해결을 보려 한다.

중2 아이들이 실수하는 것을 보면 '왜 결과가 저럴 줄을 몰랐을까?' 하는 의문이 든다. 미숙하다 보니 예측능력 또한 부족하다. 경험도 없을 뿐만 아니라 생물학적으로도 미숙하기 때문이다. 아이들에게 왜 그러냐고 따지고 들면 본인들도 왜 그런 결정을 내렸는지 당황해하고 자책한다. 그들이 입에 "몰라요."라는 단어를 달고 사는 이유는 이 때문인지도 모른다.

사춘기에 사고를 치고 문제를 일으키지만 조금만 더 기다려준다면 충분히 성숙한 인격의 소유자로서, 사회의 일원으로서 제 역할을 감당할 수 있으리라 본다. 한때 사고를 치고 뻔질나게 불려 다니던 아이도 이제는 제법 어른티를 내며 징그러운 목소리로 말한다.

"선생님, 제가 그때는 좀 그랬지요?"

"입은 삐뚤어졌어도 말은 제대로 하자. 좀이 아니지. 많이 그랬어. 지금은 사람이 좀 된 것 같네."

　울며불며 고민을 이야기하고 죽네 사네 했던 아이였는데 어느새 쑥 커버렸다. 가끔은 그 시절이 그립다고 하는 아이도 있다. 완전할 수 없는 인간이지만 이성과 논리로 중무장한 청년이 되었다. 내가 어린 시절에 느꼈던 봄을 추억하듯 자신들의 사춘기를 추억한다.

봄은 짧지만 사람을 설레게 하는 매력이 있다.
사춘기가 주는 매력을 느껴보자.

02

가짜 어른, 허세 작렬

중2 아이들이 하는 말 중에 가슴에 와 닿는 말이 있다. '빨리 어른이 되었으면 좋겠어요.'라는 조금은 비현실적인 소망이다. 그 속에는 많은 의미가 담겨 있는데 일단은 '자유롭고 싶다.'는 욕망이 보인다. 부모의 속박에서 벗어나 자기가 하고 싶은 것을 마음껏 해보고 싶은 마음이다. 잠도 실컷 자고 게임도 눈치 보지 않고 하고 싶을 것이다. 화장을 진하게 해도, 방이 더러워도 누가 뭐라 할 사람이 없을 것 같고…. 어른이 되면 그야말로 꿈같은 세상이 올 것 같다. 나 또한 중학교 2학년 때 그런 생각을 종종했다. 중2 시기는 그렇게 소박한 꿈과 아드레날린이 넘치는 시기인 것 같다. 그런 말을 하는 중2 아이들을 보면 덩치는 산만 해도 귀엽기 그지없다.

빨리 어른이 되고 싶은 중2 아이들은 어른이 되는 연습을 한다. 지금까지 보고 자라왔던 어른의 모습을 재현해본다. 부모님이 안 계신 틈을 타 친구들과 함께 술을 마셔보기도 하고 흡연도 해본다. 어떤 친구는 그것이 자랑이라도 되는 것처럼 사진을 찍어 친구들에게 보여주기도 한다. 그렇게 허세를 부려본다. "어른 같지?"

그렇다고 정서적으로 문제가 있는 아이들이라고 보면 안 된다. 자신들이 보고 들은 대로 어른 행세를 해본 것일 뿐이다. 결국 어른들이 본받지 않아도 될 모습을 보여준 게 아닐까. 하다못해 영상매체를 봐도 그렇다. 분명 15세 이상의 영화임에도 불구하고 영화에서 나오는 욕설과 폭력은 아이들과 같이 보기에는 민망할 정도다.

자유와 책임 그리고 경험

아이들은 자유를 갈구한다. 그러다가 문뜩 마음먹고 실행에 옮긴다. 처음에는 작은 일이었다가 사고를 치고 감당 못할 일탈까지 이어지기도 한다. 아이들은 아직 모른다. 자유로운 만큼 책임도 커진다는 사실을 말이다. 늘 부모의 보호 아래 있다 보니 머리로는 알고 있으나 실제는 어떠한지 가늠하지 못한다. '경험'이라는 것을 지불하고 나서야 어느 정도 크기의 책임이 따르는지 깨닫는다.

"그냥 화나게 하니까 한 대 쳤을 뿐이에요."

"민수야, 너무 세게 때렸잖아. 그리고 제일 약한 눈을 때렸어."

"네. 저도 그러려고 한 것은 아니에요. 살짝 겁만 주려고 했던 거예요. 근데 그 자식이 날 무시하잖아요."

"그래서 주먹을 날렸어? 결국 너만 아프잖니, 아니 부모님도 아프시잖니…."

"타임머신이 있다면 그날로 다시 돌아가고 싶어요."

사회봉사를 온 중2 남자아이와의 대화다. 상대 아이의 부모가 선처를 해주어서 그나마 사회봉사로 매듭이 지어졌다. 자칫하면 실명할 뻔한 사건이었다. 아이는 크게 자책하며 학교생활에 적응하지 못했다. 화가 난다고 함부로 주먹을 휘두르면 안 된다는 교훈을 지독한 대가를 치르고 배운 셈이다.

막상 책임을 지려 해도 경험이 없다 보니 무엇을 어떻게 해야 할지 모른다. 이러저러한 변명을 대고 급기야 거짓말을 문제 해결의 한 방편으로 삼는다. 거짓말로 자신이 처해 있는 상황을 피할 수 있다고 생각하는 것이다. 전두엽이 발달하는 사춘기에는 예측할 수 있는 능력이 향상된다. 거짓말을 하면 상황이 어떻게 흘러갈 것이라 예측하고 피해갈 길을 위해 끊임없이 소설을 쓰는 것이다. 부모님에게, 선생님에게, 심지어는 친구들에게까지 그럴싸하게 허구를 만들어낸다. 자기 과시용으로 사용하기도 하지만 대부분 현재를 회피하고 싶은 마음에 만든 '썰'이다.

"성혁아, 어디 갔다 오니? 아빠가 늦어도 6시까지는 들어오라고 했잖아."

"애들이 놀자고 해서 아파트 놀이터에서 놀다가 늦었어요. 그런데 놀던 아이 중 한 명이 발을 삐끗해서 집까지 데려다주고 오느라고 더 늦었어요."

여기까지의 대화만을 들으면 '그럴 수 있겠다.' 하고 넘어갈 수 있다.

칭찬받아 마땅한 일을 하다가 늦었다고 하니 '마냥 어린애인 줄 알았는데 이제 어른이 되어가나?' 하는 생각까지 하게 된다. 그런데 왜 늦었냐는 부모의 질문에 나온 아이의 대답은 어디까지가 진실이었을까. 일상생활을 들여다보면 답은 금방 나온다. 그래도 여전히 확인은 필요하다. 그날의 진실은 나중에 밝혀졌다. 사실 놀이터에서 논 시간은 얼마 되지 않고 나머지 시간은 형들과 PC방을 갔단다. 아들이 초등학교 5학년 때의 일이었다. 사춘기인 아이는 PC방 가는 것을 금지한 부모에게 혼이 날 상황을 모면하고자 부모가 이해할 만한 거짓말을 했던 것이다.

'썰'도 능력이다?

나는 딸아이와 아들아이에게 책을 많이 읽혔다. 자기계발서부터 인문고전까지 다양한 분야의 책을 반복해서 읽고 추론하고 글을 쓰도록 했다. 중학생에 웬만한 대학생이 읽는 책을 읽을 정도까지 독서력이 향상됐다. 어떤 때는 내가 읽는 책을 같이 읽기도 한다. 그러다 보니 전두엽의 발달이 다른 친구들보다 급격히 많이 이루어진 것 같다. 사고하는 능력이나 기억력은 혀를 내두를 정도다. 아이들이 말을 꾸며내기 시작하면 논리적 부조리를 찾아보기 어려울 정도로 이야기를 지어낸다. 무엇이 사실인지 말만 듣고는 알 수가 없을 정도다.

부모로서 가장 화날 때가 언제인가? 아마도 '속이려 들 때', '기만하려 들 때'일 것이다. 알아차린 순간 불호령이 떨어진다. 거짓을 꾸며낸 아이를 호되게 야단친다. 잘못된 것은 애초에 잡아야 한다는 생각으로 말이다. 그런데 아이의 거짓말은 멈출 줄 모르고 계속된다. 부모에게 혼이 나더라도 자유를 향한 갈망, 친구들과의 관계, 자신만의 그 무엇이 더욱 절실하기 때문이다. 마치 나라를 구하기 위해 굳은 각오를 다진 투사와 같은 심정으로 자신이 갈망하는 것을 찾아 나선다. 이러한 아이들에게 부모는 무엇을 할 수 있겠는가?

동물의 세계를 들여다보면 재미있는 일들이 많다. 침팬지가 목부터 허리까지의 털을 곤두세우고 있거나 '후후' 소리를 낼 때는 다가가지 말고 피해야 한다. 카멜레온 등의 양서류와 개구리 같은 파충류는 화가 났을 때 자신의 몸을 팽창시킨다. 방울뱀은 꼬리를 마구 흔들어 소리를 내고 심지어는 자신의 몸을 물어뜯기도 한다. 이렇듯 말 못하는 동물은 온몸으로 '날 건드리지 마.'라는 신호를 보낸다.

중2 아이들은 말과 행동으로 끊임없이 메시지를 전달한다. 동물들이 화가 났을 때 자신을 과장하고 큰 소리를 내는 것은 위험에서 벗어나고자 하는 것이다. 인간도 별다를 바 없다. 특히 중2 아이들은 더욱 그렇다. 폭력에 내몰려 궁지에 몰린 어떤 아이들은 자신을 물어뜯는 방울뱀처럼 방에 숨어 자학한다. 심지어 소중한 목숨을 끊기도 한다.

2012년 통계청 자료를 보면 9~24세 청소년의 사망원인 1위가 '고의적 자해(자살)'였다. 13~19세 청소년들에게 언제 자살 충동을 느끼는지 물었다. '성적 및 진학문제(39.2%)', '가정불화(16.9%)'가 과반수를 차지했다. 40.7%에 이르는 아이들이 친구들에게 자신의 고민을 이야기한다. 23.0%는 아무에게도 말하지 않고 스스로 해결하려 한다. 그나마 다행인 것은 23%의 청소년들이 어머니에게, 3.6%에 이르는 청소년들이 아버지에게 고민을 말한다는 것이다. 부모에게 자신의 메시지를 전하는 수치가 생각만큼 높지 않은 건 유감이다.

아이들의 소리 없는 외침에 귀 기울여보자. 부모는 보호자로서 세심한 관찰이 필요하다. 그들이 말하지 않은 메시지가 무엇인지 알 수 있는 '촉'이 필요하다. 먼저 부모는 아이에게 마음을 열고 부모의 마음이 열려 있음을 아이에게 알리자. 그다음에 매의 눈으로 아이를 스캔하는 것이다. 가시를 세우고 경계하던 아이가 어느 순간 부모 곁에 다가와 있을 것이다.

'촉'을 세우고 아이에게 마음을 열면
'허세'로 감춘 아이의 메시지를 알 수 있다.

03

어른처럼 대하되 결정에 대한 책임은 아이에게

중2 아이들은 자유로운 세상을 꿈꾼다. 엄마 아빠의 잔소리가 없는 세상, 공부하지 않아도 되는 세상, 내 마음껏 할 수 있는 세상을 말이다. 하지만 아쉽게도 꿈일 뿐이다. 그런 세상은 존재하지 않는다. 특히 대한민국은 치열한 경쟁 사회다. 대학, 직장 등 자신이 원하는 곳에 들어가려면 그에 맞는 능력이 필요하다. 그런데 과연 원하는 바를 모두 이루면 행복해질까? 많은 인생 선배들이 말한다. 행복은 만들어가는 것이라고. 인간의 궁극적인 목적은 행복한 삶을 살아가는 것이다. 레오 보만스는 『세상의 모든 행복』(2012, 흐름출판)에서 "정해진 행복은 없다."라고 했다. 이는 전 세계에 내려진 행복에 대한 정의를 살펴본 후에 나온 결론이다. 사회마다 또 그 속에 속한 개개인마다 행복의 정의는 다르다.

"다 너를 위해서야." 이 말처럼 무서운 말은 없다. 중2 아이들을 미치게 하는 말이기도 하다. 아이의 행복을 위해서라면 무엇이든지 할 수 있다는 뜻이다. 동시에 부모 자신의 부정이나 과대 포장한 인격을 덮을 수도 있는 말이다. 아이들은 그 속뜻을 간파하기도 한다.

"아빠, 제발 그만 좀 하세요. 뭘 날 위해서야. 내가 로봇인 줄 알아?"

"엄마의 꿈을 나한테서 이루려고 하지 말아요!"

부모는 의논 상대일 뿐 결정은 아이 스스로

부모가 결정하고 아이에게 지시한다면 아이는 부모의 조종을 받는 아바타 같은 존재가 된다. 아이에게 실수할 기회를 주어야 한다. 아이는 당연히 실수한다. 실수 속에서 배우며 성장한다. 부모는 아이가 실수하고 좌절하는 모습을 먼저 떠올릴 수 있다. 그 모습을 지우고 새로운 이미지로 채워넣자. 스스로 결정하고 성취했을 때 기뻐할 아이를 떠올리는 것이다. 아이의 결정을 지지해주고 응원해주자. 아이가 힘들고 어려운 결정을 내려야 할 때 떠오르는 존재가 부모여야 한다. 아이를 향해 '나는 너를 믿고 있어.'라는 신호를 보내자.

간혹 아이들은 그 신호를 오해하기도 한다. 부모의 관심을 기분 나빠한다. 부모의 의도는 그렇지 않은데 자신을 얕보았다고 여기며 약간은 거만함이 묻어나는 말투로 말한다.

"내가 아직도 애인 줄 알아?"

아이가 이렇게 말한다면 이는 자기 존재감을 인정해 달라는 뜻이다. 자랄 만큼 자랐으니까 자신이 하는 말과 행동에 대해 믿어달라는 메시지가 담겨 있다.

아이들이 스스로 규칙을 만들고 성취해나갈 수 있도록 믿어주자. 중간중간 아이의 성취를 축하하는 이벤트도 필요하다. 조금 더 자극적인 표현을 쓰자면 '인센티브'가 필요하다. 돈을 쥐어주라는 말이 아니다. 더욱 적극적인 행동을 할 수 있도록 동기부여를 하라는 말이다. 아이의 성취에 대해 최대한의 기쁨을 표현하자. 부모의 기뻐하는 모습이야말로 어떤 인센티브보다 아이에게 힘이 될 것이다.

'나는 나를 믿는다.'라는 말은 웬만해서는 하기 힘든 말이다. 스스로에게뿐 아니라 다른 사람에게는 더욱 하기 힘든 말이다. '나는 나를 믿는다.'라고 말해도 사람들은 좀처럼 믿어주지 않는다. 그들은 자기에게 그렇게 말한 적이 없으며 신뢰할 만한 성취도 이루지 못했기 때문이다. 믿어줄 만한 근거가 부족한 것이다. 그만큼 나에 대한 상대의 신뢰를 얻기란 쉬운 일이 아니다. 가장 가까이 있는 가족도 예외는 아니다.

아이와 아버지 사이에 형성된 신뢰는 아이를 정신적·육체적으로 건강한 사람으로 만든다.

"내가 너를 믿어줄게. 날개를 활짝 펴고 날아봐."

"이 아빠가 아니면 누가 널 믿어주냐."

"아빠의 어깨는 튼튼해. 밟고 일어서봐."

아빠의 믿음을 표현하는 동시에 책임감도 함께 심어주어야 한다. 스스로 내린 결정에 대해 책임을 져야 한다는 것을 늘 상기시켜야 한다. 헛된 자신감으로 가득 차 있는 아이는 그저 오만할 뿐이다.

미국 하버드 대학은 지난 1938년부터 75년간 대학생 268명을 대상으로 추적 조사를 했다. 일명 '그랜트 연구'라고 불리는 것이다. 이 연구에 따르면 어린 시절부터 어머니와 유대가 깊은 남성들이 그렇지 않은 남성들보다 업무 효율이 좋고, 연봉이 높으며, 노년기 치매 발병 확률도 상대적으로 낮은 것으로 확인됐다고 한다. 여기서 '어머니와 유대가 깊다.'를 '마마보이'라고 오해하면 안 된다.

스스로 해보려는 아이를 보며 부모는 '내가 도와주면 쉽게 갈 수 있는데….'라는 생각이 들 수 있다. 어른으로 성장하는 과정에 힘을 보태주는 건 결국 아이의 홀로서기를 방해하게 된다. 아이는 부모의 도움 아래에서 살 수밖에 없는 어른 아이가 될지도 모른다. 지금까지 해왔던 것처럼 평생 아이를 보살필 것인지 아니면 모험의 세계로 떠나게 할 것인지 선택해야 할 때이다.

아이의 성취에 기뻐하는 부모의 모습은
어떤 인센티브보다 아이에게 힘을 준다.

04

넌 누구니?

부모는 아이에게 할 수 있으면 모든 것을 다 해주고 싶다. 스마트폰을 사준지 얼마 되지 않아 잃어버리고, 사주니 액정을 깨먹고, 놀러가서 흘리고…. 그래도 부모는 혹여 아이가 친구들과 멀어지고 왕따를 당할까 싶어 또 사준다. 요즘 부모들이 몰라서 이렇게 할까? 아니다 오히려 자녀 교육에 대한 방대한 지식을 가지고 있다. 책을 내도 널 정도의 지식을 가진 준전문가다. 알 만큼 아는데도 엄마건 아빠건 아이의 앞날을 위해서 죽을힘을 다해 도와준다. "내가 다 해줄게."

얼마 전에 광고를 보았다. 큰 집에서 부모가 밥을 먹고 있고 아이는 초등학교 등교 준비 중이다. 장면이 바뀌고 이번엔 부모가 차를 마시고 있다. 제법 여유로운 모습이다. 아이는 중학생이었다. 또다시 장면이 바뀌었다. 이번에도 부모는 밥을 먹고 있다. 그런데 집이 좀 작아졌다. 아이는 고등학생이었다. 아이가 대학생이 된 장면에서는 중년이 된 부모가 머리에 수건을 두르고 초라하게 밥을 먹고 있다. 그런데 대학생 아들이 밝은 얼굴로 인사하고 나가다 다시 방으로 들어와 한마디 건넨다. "아빠, 저 대학원 가야 할 것 같아요." 부모는 깜짝 놀라 뒤로 자빠지며 광고는 끝난다. 30초도 안 되는 시간에 담아낸 생생한 현실이 씁쓸했다.

변화의 중심에 선 아이

부모의 무관심은 아이를 궁지로 몰아간다. 하지만 아이에게는 과도한 관심이 무관심보다 더 좋지 않을 수 있다. 중2 아이들은 스스로 '나는 누구인가?'라는 질문을 한다. 자신을 돌아보다 유약한 모습을 발견하면 홀로 서려고 노력한다. 그런 와중에 아이에 대한 믿음 부족으로 부모가 참견과 잔소리를 하면 아이는 주눅이 들거나 반항을 한다. 부모들은 계속해서 강조한다.

"내가 하라는 대로 하면 성공할 수 있어."

어느 날 부모님께서 집에 오셔서 3대가 한데 모여 식사를 하게 됐다. 어머니께서 아내와 함께 준비한 음식이 식탁에 푸짐하게 차려졌다. 늘 느끼지만 어머니께서 해주신 음식은 언제 먹어도 참 맛있다. 갈치구이가 눈에 들어왔다. 갈치 토막의 가시를 발라내고 한 입 베어 물었다. 아내가 그 모습을 보고 한마디 한다.

"한나 아빠는 생선 먹을 때마다 아버님 얘기를 해요. 어렸을 적에 아버님께서 생선머리와 껍질을 좋아하신다 말씀하시며 그것만 드셨다고요."

언젠가 한번은 교회 청년들이 아버지께서 하시는 포도원에 놀러왔다. 아버지는 개 세 마리를 키우셨는데 낯선 사람이 왔는데도 개들이 짖지 않았단다. 포도원을 구경하고 하루 잘 놀다 돌아가는 길에 청년들이 아버지께 말했다.

"아버님께서 참 과묵하시네요. 그런데 개들도 주인 닮아서 과묵한가 봐요."

그렇다. 아버지는 과묵하시다. 공부를 잘하라는 말씀도, 방 청소를 잘하라는 말씀도 없으셨다. 그런데 말로 표현하지 않으셔도 나는 아버지의 사랑을 충분히 느끼며 컸다.

확신할 수 없다면 놓아주자

"제발, 그냥 내버려 두라니까!"

"숨을 쉴 수가 없네. 정말….."

자유로움을 갈망하는 중2 아이들이 화가 날 때 내뱉는 말이다. 이쯤 되면 전쟁이다. 서로 고함을 질러가며 감정싸움을 벌인다. 언제든 부르면 쪼르르 달려왔던 아이가 이제는 도망친다. 홀로서기를 위한 당연한 수순에도 부모들은 반항이네, 병에 걸렸네 하며 받아들이려 하지 않는다. 아이는 아이대로 내가 알던 아이가 맞나 싶게 변해서 울부짖는다. 회복의 지름길은 없다. 서로에게 입힌 상처가 아물려면 어느 정도 시간이 필요하다.

중요한 것은 중2 아이를 있는 모습 그대로 보아주는 것이다. 변화의 중심에 서 있는 아이의 변화된 모습을 그대로 인정해주고 이야기를 들어주자. 그러면 그 아이가 쳐놓은 울타리 안으로 들어갈 수 있는 길이 보인다. 다시 예전처럼 아이를 좌지우지하려 드는 실수를 범하면 안 된다. 옆으로 비켜서서 응원하자.

"지금 잘하고 있어."
"잘 가고 있어."

05

그냥 내버려두면
홀로서기가 된다?

중2 아이들은 독창적이다. 자신들만의 세상을 만들어간다. 어느 누구도 범접할 수 없는 언어로 소통한다. 자기편이라는 확신이 들면 간이고 쓸개고 다 빼주려 한다. 부모나 선생의 말에 잘 따라오지 않는다.

"너 도대체 왜 그러니? 뭐가 문제야? 내가 해줄 수 있는 건 다 해줬잖아. 뭐가 부족해서 그래?"

부모는 아이를 향해서 서운함을 쏟아붓는다. 아이는 묵묵부답이다. 아예 뛰쳐나가거나 자기 방 속에 틀어박혀 세상 밖으로 나올 생각을 하지 않는다. 아이는 '내가 왜 이 세상에 있는지', '인생의 목적이 무엇인지' 자신에게 질문하고 답을 찾는다. 그러다 발견하지 못하면 정처없이 방황한다.

부모 먼저 홀로서기를 해야 할 때

사춘기 아이를 둔 부모는 아이에게 귀가시간을 정해주는 경우가 많다. "7시까지 들어와." 이처럼 정확한 시간을 정해주곤 한다. 나는 사춘기 아이들을 상담할 때 아이에게 가장 듣기 싫은 말을 꼭 물어본다. 대답은 조금씩 다르지만 크게 보면 '시간 규제'에 관한 말이었다. 그냥 자유롭게 두면 안 되는 거냐며 하소연하는 아이도 있었다. 그전에도 부모는 아이에게 시간을 정해주었다. 아이는 부모가 정해준 시간대로, 스케줄대로 잘 지냈다. 그러다가 사춘기가 되면서 문득 이런 생각을 하기 시작한다.

'왜 내가 그 시간에 들어가야 하지? 어차피 집에 가도 아무도 없는데?'

아이는 부모가 정해준 시간 약속을 깰 만한 정당한 이유를 찾아낸다. 정해진 틀을 깨고 자기 나름대로의 기준을 정하고 실행하려는 욕구가 생겨난 것이다. 다시 재설정하고 재조합해서 자기가 원하는 방향으로 가려든다. 자신의 욕구에 맞추어서 계획을 세운다. 그것이 설령 엉뚱하다 할지라도 이는 아이 스스로 무엇인가를 이루어보려는 내적인 움직임이다. 그런데 어른들은 이 움직임을 '반항'이라고 단정 짓는다.

"내가 알아서 한다니까? 왜 자꾸 난리야?"

부모에게는 쇼크가 아닐 수 없다. 하지만 정작 아이가 받은 쇼크가 더 크다. 계속해서 자기 의견을 무시하는 부모의 말 때문에 잘못된 결론을 도출한다. 사춘기 아이는 어른 같은 말과 행동을 하다가도 어린아이 같이 응석을 부린다. 어디에 맞추어야 할지 부모는 혼란스럽다. 자기 품을 떠나려고 하는 아이를 발견하고 당황하기도 한다. '어떻게 키운 아인데….' 덜컥 겁이 난다. 그동안 아이만 부모를 의지한 게 아니라 부모 또한 아이에게 의지했던 것이다. 정신적인 독립을 선언하는 날이 올 것이라는 예측조차 하지 못하고 있다가 아이가 떠나려 하는 시도에 황망하기까지 하다.

아이의 홀로서기보다 부모의 홀로서기가 먼저다. 먼저 사춘기 아이에 대한 정확한 이해가 필요하다. '아, 아이에게 사춘기가 시작되었구나.'라는 깨달음과 함께 향후 어떻게 양육해야 할지에 대한 가이드라인이 필요하다. 아이의 독립성에 초점을 맞추어야 한다. 특히 '스스로 선택하고 책임질 줄 아는 삶'에 대해 알려줄 필요가 있다. 무엇을 선택하든 그에 따른 책임과 결과가 있다는 말을 반드시 해주어야 한다. 무책임한 인간들이 가져온 병폐를 부모는 잘 알고 있다. '문제 있는 부모는 있어도 문제 있는 아이는 없다.'라는 말을 가슴에 새기자.

"네 입장 생각해줄게. 내 생각은 말이지…."

자녀의 입장을 따져보는 일은 아이의 마음을 들여다보고 이해하는 데 기본이다. 부모의 의견을 아이에게 정확히 말하는 것은 중요하다. 사사건건 참견하라는 말이 아니다. 방향을 제시하고 아이가 선택할 수 있도록 도와주는 것이다. 정면에 서지 말고 옆으로 비켜서서 아이가 선택한 것을 향해 나아갈 수 있도록 도와주어야 한다. 선택한 일에 대해 실패를 한다 해도 그것을 통해 또 다른 교훈을 얻을 테니 결코 마이너스는 아니다. 아이에게는 다시 일어나서 좀 더 나은 미래를 향해 나아갈 수 있도록 부모의 격려와 따스한 말 한마디가 필요하다.

아이가 걷기를 배울 때 어땠나 생각해보자. 넘어져도 그냥 내버려두지 않았는가. 결국은 겪어야만 하는 일이고 넘어질 때의 고통을 기억해야 제대로 된 걸음을 뗀다는 걸 알기 때문이다. 아프다고 주저앉아 있는 아이는 걸음이 늦을 수밖에 없다. 딸아이 돌잔치 때였다. 치렁치렁한 한복을 입혀 놓았는데 걷기 시작한 지 얼마 되지 않아 자꾸 뜀박질을 했다. 그러니 넘어질 수밖에…. 넘어졌는데도 다시 일어나서 또 뛰었다. 넘어질 때마다 가슴이 아팠다. 말려도 소용이 없었다. 아이가 그러겠다는데 옆에서 지켜볼 수밖에….

중2는 마음의 걸음마를 할 단계다. 계속 넘어진다고 일으켜 세워주면 그만큼 인격의 성숙이 늦어질 수밖에 없다. 중2가 되면 이제 날고 싶다는 욕구가 치솟는다. 부모는 아이를 한 인격체로 존중하는 자세가 필요하다. 마음의 눈높이를 중2 아이에 맞게 높여야 한다. 부모가 충분히 자신을 존중하고 있다는 느낌이 피부에 와 닿도록 해주어야 한다.

방관자가 아닌 인생의 조언자로서 역할을 감당하는 것이 부모다. 아이의 인생을 대신 살아줄 수 없다. 부모는 중2 아이들이 올바른 선택을 내릴 수 있도록 도와주는 '페이스메이커'가 되어야 한다. 페이스메이커는 주로 육상 장거리 경기에서 우승에 도전하는 선수가 기록을 앞당길 수 있도록 도와주는 역할을 한다. 인생은 단거리가 아닌 장거리다. 너무 조급해하지 말고 옆에서 아이의 완급을 조절해줄 수 있는 부모가 되자.

아이가 홀로서기를 준비할 때
부모는 아이의 '페이스메이커'가 되어야 한다.

06

어른으로 살아갈 준비

중2 아이들은 다른 사람에게 내가 어떻게 비치느냐에 상당히 예민하다. 학교에서 친구들이 내리는 정의가 자신의 정체성이라고 받아들이기 쉽다. 말이 어눌하고 시골촌뜨기같이 입고 다니는 아이가 있다고 하자. "쟤는 너무 촌스러워.", "쟤랑 함께 다니기는 조금 그런데…." 아이의 내면을 알기도 전에 벌써 왕따로 지목된다. 옆에서 이를 지켜본 아이들은 자기들 또한 어떻게 정의될지 몰라 불안해진다. 자신을 과대 포장하더라도 긍정적인 정의가 내려지길 바란다.

어느 날 저 멀리서 남자아이 하나가 내 쪽으로 성큼성큼 걸어왔다.

"안녕하세요. 저 알아보시겠어요?"

“어… 너 혹시… 민아 아니니?”

“기억하시네요. 목사님이 저 못 알아보시는 것 같았어요.”

“근데 내가 아는 민아는 여자아이인데? 언제 남자가 된 거야?”

“애들이 저는 남장이 잘 어울린대요. 그래서 머리도 남자처럼 자르고 교복도 치마 대신 체육복을 입어요.”

분명 중학교 1학년 1학기까지만 해도 민아는 평범한 여자아이였다. 행동이 다른 여자아이들보다 조금 과격하기는 했지만 체구나 말투도 여자아이였다. 그런데 그 다음해 여름, 중2가 된 민아는 모습도 말투도 남자아이처럼 변해 있었다. 주변 친구들이 어떻게 정의하느냐에 얼마만큼 영향을 받는지 여실히 보여주는 케이스다. 만약 민아의 어머니나 아버지가 “민아에게는 여성스러운 면이 많이 있어. 세심하고 얼마나 아름다운데.”라는 인식을 계속해서 심어주었다면 또 다른 민아의 모습을 만나지 않았을까 싶다.

부모가 정의한 대로 자신을 정의하는 아이들

요새 중2 아이들은 발육 상태가 좋아 덩치가 크다. 하지만 마음은 아직도 연약한 구석이 남아 있다. 그래서 사춘기 아이에게 말할 때는 신중해야 한다. ‘영웅’이라고 말하면 영웅이 될 것이고 ‘도둑년’이라고 말하면 도둑년이 된다.

“도둑년, 그거 어디서 났어?”

“엄마가 무슨 상관이야? 걱정 마. 엄마 꺼 아니니까!”

“뭐?”

“그리고 딸한테 도둑년이 뭐니?”

이 아이는 학교에서도 유명하다. 친구들 물건에 손을 댔는데 순식간에 소문이 퍼졌고, 아이 엄마는 학교의 호출을 받았다. 이후 엄마는 아이를 향해 어떤 일만 벌어지면 ‘도둑년’이라는 말을 했다. 여자아이가 나한테 와서 고래고래 소리 지르며 울부짖는다.

“엄마가 저에게 도둑년이래요. 그게 자식에게 할 소리인가요? 저, 그래서 도둑년이 되어주려고요.”

이것은 비단 이 아이에게만 일어나는 일은 아니다. 가장 가까운 부모에게 어떻게 정의되느냐가 아이의 학교생활을 좌우하고 더 나아가서 미래를 바꾼다. ‘잘된다. 잘된다.’ 말해도 마음대로 안 되는 것이 이 세상인데 저주를 퍼부어서야 되겠는가.

아이의 정체성을 올바르게 심어주기 위해서는 아이의 마음을 읽는 능력이 필요하다. 아이가 언제든지 마음대로 말할 수 있는 분위기를 조성해주어야 한다. 그럴 때 아이는 부모에게 학교에서 있었던 일이나 친구 사이의 문제도 부담 없이 자연스럽게 말하고 질문할 것이다. “네가 낄 자리가 아니잖아.”라고 말하는 순간 아이의 존재는 그 자리에서 사라져버린다. 부모의 감정을 아이에게 그대로 배설할 게 아니라 순화시키는 작업을 거쳐야 한다. 감정의 배설, 즉 부정적인 감정은 아이들에게 도움이 안 된다.

이해력이 늘면 방황이 줄어든다

중2 아이들과 이야기하다 보면 답답할 때가 많다. 무슨 말을 해줘도 그 말을 이해하지 못한다. '학교 수업은 잘 따라갈까?' 하는 의구심마저 들 정도다. 인간은 정보를 얻으려면 평생 문자와 생활할 수밖에 없다. 아쉽게도 중학교에 입학하면서부터 공부하기 바쁘다며 마음의 양식인 책을 손에서 놓는다. 부모들 또한 이를 대수롭지 않게 생각한다. 오늘부터라도 독서를 유도해보자. 다소 어려운 내용의 책이라 생각돼도 끝까지 읽게 독려해보자. 아이는 성취감뿐만 아니라 책 읽는 즐거움도 알게 될 것이다. 독서를 하는 아이는 정체성을 찾는 시간을 줄일 수 있다. 독서습관이 잡히면서 인식체계가 잡히고 성숙한 생각을 할 수 있는 기틀을 마련할 수 있다.

폭발적인 감수성과 신체의 변화를 겪고 있는 중2 아이들에게 인지능력이나 타인을 배려할 수 있는 심성까지 조화롭게 자라날 수 있도록 도와주는 것이 부모로서 책임을 다하는 길이다. 어른으로 성장하는 길목에 있는 아이에게 필요한 것들을 풍족히 채워주는 것도 중요하지만 방향을 제시해주는 나침반으로서의 역할을 감당해야 한다. 부정적 인식을 심어주기보다는 건전하게 자라날 수 있도록 최선을 다해야 한다. 아이가 부담감을 느끼지 않는 선에서 끊임없는 보살핌과 격려가 절실하다.

덩치는 산만 해도 여전히 아이는
부모의 사랑을 필요로 하는 '존재'다.

"사춘기, 부모도 아이만큼 힘들다"

01

체스하듯
아이 맘 엿보기

누군가를 알아가다 보면 서로의 마음이 통하게 된다. 가끔 딸아이와 아들아이에게서 나를 보는 것 같은 느낌을 받을 때가 있다. 누구와 함께 지내느냐에 따라서 생활 습관이나 가치관이 달라진다. 중2 아이들이 '평소 누구와 지낼까?' 한 번쯤 생각해보자. 가장 친한 학교 친구가 누군지, 어떤 프로그램을 자주 보는지, 스마트폰으로는 주로 무엇을 하는지….

한 발 더 다가가서 맘 들여다보기

겉모습만으로 아이를 판단하는 것은 금물이다. 아이들은 나름대로의 기준을 세우고 움직인다. 합리적이고 논리적인 이유로 반항을 계획하기도 한다. 아쉬운 점은 그 합리적이고 논리적인 생각을 조금 더 옳은 방향으로 펼치면 얼마나 좋았을까 하는 점이다. 아쉬울 때가 한두 번이 아니었다.

"애들아, 교복치마가 너무 짧은 것 아니니?"

"애들 다 이렇게 입고 다녀요. 그리고 길게 입고 다니면 따 당해요. 뭐 촌스럽기도 하고요."

또래집단의 특성이 드러나는 대화다. 학교에서는 이미 포기한 모양이다. 규제를 하려 들지만 예나 지금이나 마음대로 안 되기는 매한가지인가 보다.

과연 이 아이들이 원하는 것이 무엇일까? 그냥 인상만 찌푸리고 있을 수만은 없는 노릇이다. 한 중2 학부모가 말한다. "밖에서는 그나마 얌전한데 집에만 들어오면 대들어요." 부모에 대한 반항인지, 학교에서 받은 스트레스 해소를 만만한 부모에게 푸는 건지…. 분명한 사실은 아이가 지금 변화의 중심에 서 있다는 것이다.

사춘기의 변화는 위험을 동반한다. 미숙하기에 감정의 표출이 서툴다. 결정을 내려야 하는 논리와 감정의 부조화로 인해 전혀 다른 방향으로 튀어나갈 수 있다. 먼저 아이의 말을 들어줄 수 있는 넓은 아량이 필요하다. 때때로 부모는 아이의 말을 들어보지도 않고 자신이 세운 기준에서 아이가 벗어나면 그에 대한 벌을 내린다. 일시적으로는 효과가 있을지 모르지만 머지않아 아이는 쌓인 것을 폭발시킬지도 모른다. 아이가 그렇게 할 수밖에 없었던 전후 사정을 들어주자. 결과가 아닌 동기에 초점을 맞추는 것이다. 아이에게는 고성과 잔소리가 아닌 '대화'가 필요하니까 말이다.

부모는 인생에 대해 깊이 고민하고 확고한 가치관을 세워야 한다. 일관성 있는 자녀교육을 행한다면 중2 아이는 부모의 긍정적인 에너지를 저절로 흡수하게 된다. 중2 아이의 미래가 궁금한가? 아이의 미래를 희미하게나마 엿볼 수 있다. 바로 부모인 자신을 들여다보면 된다.

어릴 적에 아버지께서 발로 어머니께 장난을 치는 모습을 보았다. 그때 속으로 '아버지께서는 왜 저러시지. 더럽게 발로 뭘 하시는 거야? 난 이다음에 절대 저렇게 하지 않을 거야.' 하고 다짐했었다. 그런데 어느 날 딸아이가 말했다. "아빠, 그러지 마세요. 더럽게 발로…." 뒤통수를 한 대 맞은 기분이었다. 나도 모르게 발로 아내를 툭툭 치며 장난을 걸었던 것이다. '그래. 나도 아버지를 보고 그런 생각을 했었지.' 그다음부터는 아이들이 보고 있을 때 아내를 안아주었다. 그랬더니 난리가 났다. 아내는 애들 앞에서 뭐하는 거냐며 몸을 꼬았고, 아이들은 오글거려서 도저히 못 봐주겠다는 둥, 완전 닭살 커플이라며 몸을 꼬았다. 그래도 나는 멈추지 않을 것이다. 언젠가 내 아이들이 커서 자신의 배우자를 안아주는 미래를 그려본다.

현재의 내 모습에서
내 아이의 미래 모습을 볼 수 있다.

02

내 마음은 이게 아닌데

살다 보면 본의 아니게 오해를 하거나 오해를 사는 경우가 왕왕 발생한다. 가까운 사람일수록 오해를 가볍게 여기고 넘어간다. 무엇보다도 부모와 자녀 간에 오해가 생기면 풀기가 여간 어려운 것이 아니다. 특히 사춘기 아이들일수록 더욱 힘들다. 아이들은 자신을 마음을 추스르지 못할 뿐만 아니라 생각도 제대로 전달할 능력이 없다. 오로지 자신의 감정에만 충실할 뿐이다. 나는 사춘기를 지나고 있는 중2 아이들에게 어떻게 다가갈 것인가가 늘 고민이다. 섣불리 다가가면 서툰 대로 아이들이 되받아친다.

"아, 갑자기 왜 그래. 그냥 하던 대로 해요."

아이가 던진 한마디에 KO가 된다. 시작도 못해보고 무너져버렸다. 다

시 일어서서 덤빌 용기가 통 나지 않는다. 그렇다고 마냥 주저앉아 있을
수도 없다.

소통하기 위한 자리에서 호통 치지 마라

아이가 어떻게 나와도 절망하지 말자. 부모 자신이 먼저 상처받지 않
겠다는 각오가 필요하다. 그리고 무엇보다도 예상치 못한 말이나 행동을
보여주는 것이 중요하다. 화를 내서는 아이 마음에 접근할 수 없다. 아이
에게 권력을 휘두르는 부모가 있는데 이 부분은 확실히 포기해야 한다.
언어폭력도 엄연한 폭력이다.

사랑이라는 아이의 부모님이 상담을 요청했다. 사랑이는 스마트폰을
가지고 놀거나 컴퓨터 게임을 하며 하루를 보낸다고 했다. 하지 말라고
하면 성질을 부려서 부모는 힘들어했다. 나는 미소를 지으며 아이에게
말해보라고 조언했다. 사춘기 아이에게는 미소를 지으며 말하는 게 포인
트다.

"컴퓨터 게임 계속해. 괜찮아. 네 인생이니까 네가 알아서 사는 거
야."

"마음 놓고 하렴. 이제 너를 존중해주기로 했어."

아이가 원하는 것을 하도록 놔두는 것이다. 사춘기 아이와의 협상에
서 유리한 고지를 차지하는 게 목표다. 소통을 위한 초석을 다진다고 생
각하자. 상대방을 인정하려면 이해가 바탕이 되어야 한다. 때가 되면 아
이가 협상의 자리로 나온다. 같이 밥을 먹는 순간일 수도 있고, TV를 보
다가 한마디 던질 수도 있다. 독수리가 먹이를 낚아챌 순간을 기다리는

것처럼 그 순간을 기다리자.

"엄마, 나 필요한 게 있어."

"그래, 그럼 우리 이야기 좀 할까?"

단호하지만 부드러운 말투로 말하자. 다시 한 번 말하지만 미소를 띠어야 한다. 협상의 순간을 잡았다면 소통에 들어가자. 단 소통이 목적이지 제압이 목적이 아님을 잊어서는 안 된다.

사람은 호의를 베풀어준 사람이 부탁하면 부득이한 경우가 아니면 'YES'로 돌려준다. 아이들도 마찬가지다. 아이가 원하는 건 '내가 알아서 할 테니 내버려두라는 것'이다. 부모는 기회를 엿보며 아이를 내버려두었기에 아이 입장에서는 호의를 베풀었다고 받아들인다. 아이는 호의를 베푼 부모가 하는 말에 마음을 연다. 이제 아이와 마주 앉아 소통할 차례다. 절대 호통을 쳐서는 안 된다.

대화의 시작은 아이의 말과 행동을 리뷰하는 것부터다. 아이가 지금까지 자신이 한 말과 행동이 기억나도록 아이에게 이야기한다. 이때 부모는 아이에게 "3분간 말할 테니 들어보렴." 하고 양해를 구한다. '나는 너를 충분히 존중한다.'라는 의도를 아이가 느낄 수 있게 하는 것이다. 3분 동안 무슨 말을 얼마나 할 수 있겠냐는 생각이 들 수 있다. 말의 분량은 중요하지 않다. 부모 마음을 전달하는 게 더 중요하다.

부모는 이야기를 마치면 아이에게 질문해야 한다. 자신의 이야기를 듣고 마음이 어땠는지 말이다. 질문에 아이 스스로 답을 찾아가게끔 유도하자. 부모는 아이에게 던질 최적의 질문을 준비해야 한다.

부모와 소통에 어려움을 겪는 아이와 대화를 하다 보면 이런 말들을 한다. "제 마음은 그게 아닌데 어떻게 하다 보니 말이 그렇게 나왔어요."
부모도 같은 마음이 아닐까? 서로 인정하며 토닥이고 교감하는 순간이
야말로 사춘기 아이에게는 꼭 필요한 소중한 순간이다. 부모도 아이에게
이렇게 말해보자. "사실은 내 마음도 그게 아니었어."

아이와 대화하기 전에
상처받지 않겠다는 각오를 먼저 하자.

03

아이와 끝까지 가지는 말자

마음에 있는 것이 차고 넘치면 말로 나온다. 그 말에는 화자의 신념이 담긴다. 아이에게 건네는 말에 무엇을 담았는지 돌이켜보자. '골칫덩어리', '병신', '넌 안 돼.' 등의 말을 건네면 아이는 정말로 소위 말하는 '루저'가 될지도 모른다. 중2 아이들은 타인이 내리는 정의대로 정체성을 세울 위험이 있다. 인간은 사회적 동물이다. 인간관계를 통해 '나'를 찾는다.

연구소에서 주최한 모임에서 누군가가 "어떻게 하면 잘 살 수 있나요?"라고 물었다. 나는 바로 답을 했다. "사는 곳을 바꾸세요." 지역 감정을 조장하는 듯이 들리지만 이 말은 곧 "만나는 사람을 바꾸라."라는 뜻이다. 그렇다면 매일 마주보고 생활하는 부모는 아이에게 어떤 말과 행동을 보여주어야 할까? 학교에서 말썽을 부려 유명인사가 된 아이, 스마트폰만 들여다보고 있는 아이를 부모는 눈살을 잔뜩 일그러뜨린 채 바라본다. 좋은 말보다는 쓴소리가 나간다. 아이와 대판 싸움이 벌어지고 성질이 난 아이는 방문이 부서져라 쾅 닫는다.

사춘기의 중2 아이들은 전사다. 마치 싸우기 위해 이 땅에 태어난 존재처럼 혈기왕성하다. 누군가와 부딪쳤다 하면 극단적인 방법들을 선택하기 일쑤다. 마치 무한체력을 소유한 것처럼 지치지도 않는다. 가는 곳마다 어질러놓고 부서뜨린다. 도대체 어디에서 왔을까? 내 뱃속에서 나온 아이가 맞기는 맞는데….

내가 무장하면 아이도 무장한다

어느 주말 아침에 중2가 된 딸아이를 깨우러 방에 들어갔던 나는 말문을 잃었다. 이건 돼지우리 저리 가라다. 이불은 그대로 펴져 있고 책상 위에는 책이 아니라 화장품이 여기저기 놓여 있다. 그리고 작은 메모 쪽지에는 깨알 같은 글씨로 뭐라 뭐라 쓰여 있다. 아마도 연예인에 관한 이야기일 것이라 짐작했다.

"한나야, 얼른 일어나. 그리고 방 청소 좀 해라. 이게 뭐니…."

"아빠, 다른 친구 집에 가보니까 그 애 방도 나랑 똑같아."

다른 친구 방과 딸아이 방이 무슨 관계인지 모르겠다. 일어날 시간이 지났는데도 여전히 이불 속에서 꼼지락거렸다. 슬슬 열불이 올라왔다. 애써 태연한 척해보지만 역시나 역부족이었다. 평소에도 잘 못 일어나는 아이에게 아빠로서 아이를 깨우는 방법이 있다. '뽀뽀'다. 어릴 때는 달려와서 안기고 뽀뽀도 밥 먹듯이 꼬박꼬박 해주었는데 어느 순간부터인지 점점 줄어들기 시작하더니만 뚝 끊어지고 말았다. 그래서 맘을 고쳐먹었다. 이제부터는 내가 가서 뽀뽀를 해주어야겠다고. 그런데 막상 가서 뽀뽀를 하려니 아이가 이불 속으로 쏙 숨어버리고 말았다. 그래도 열심히 뽀뽀를 해주었다. 싫은 척하지만 여전히 좋아하는 것 같다.

적대적 관계를 우호적인 관계로 만드는 방법이 있다. 한쪽이 죽으면 된다. 물론 물러서서는 안 되는 일들도 있다. 하지만 자녀와의 관계에서 대부분은 목에 힘을 빼고 무장을 해제하면 자녀들도 한결 부드러워진다. 반대로 내가 무장을 하면 아이도 무장하게 된다는 사실을 꼭 기억하자.

중2 아이들은 적과 아군을 잘 구분하지 못한다. 자기에게 잘 대해주는 사람, 자기 말을 들어주고 자기와 동일한 아픔을 가지고 있는 사람만이 아군인 것이다. 소리 지르고 때리고 좋지 않은 감정을 발산하는 상대는 적이다. 그런 면에서 부모는 아이에게 아군이라기보다 적이다. 이제 아이에게 '부모는 네 편이다.'라고 인식시켜줄 때다.

아이와 대화할 때 부모의 방식대로 말하지 말고 아이의 방식대로 말하자. 기본적인 룰은 있어야 한다. 무조건적으로 아이의 방식대로 가는 게 아니다. 서로 이해할 수 있는 선에서 약속을 정하는 사전작업이 필요하다. 아이들은 그 선을 자꾸 넘으려 할 것이다. 그러할지라도 끝까지는 가지 말자. 성숙한 면모를 아이에게 보여주자. 아이들은 시간이 조금 흐른 뒤 분명히 깨닫는다.

'그때 내가 그러면 안 되는 건데…. 아빠 엄마에게 죄송한 생각이 드네.'

시간이 필요하다. 조금만 기다려주면 된다. 잘못한 것을 아는 사람에게 "너 정말 나쁜 놈이야. 네가 잘못했어."라고 말하면 자기 잘못을 알면서도 쉽게 인정하지 않는다. 돌이킬 수 없는 상황까지는 가지 말자.

아이들은 선을 자꾸 넘으려 한다.
그러할지라도 끝까지 가지는 말자.

04
.....

말과 행동이 다르면
아이들은 부모라도 욕한다

거친 말투, 알아들을 수 없을 정도의 줄임말, 욕설 등은 중2 아이들의 말하기 특징이다. 중2 아이들 대화에서는 욕이 빠지지 않는다. 아이들이 하는 말을 듣고 있으면 도저히 참을 수 없을 만큼 화가 솟기도 한다. 줄임 말은 듣고 있어도 무슨 뜻인지 해석이 안 된다. 낄낄거리며 자기들끼리 대화하는데 알아들을 수 없으니 마치 내게 욕이라도 하는 것처럼 들린 다. 요즘 아이들은 욕도 융합해서 쓴다.

"니미좃같은씨발놈"

해석할 필요도 없는 쌍욕 중에 쌍욕이다. 나는 만나는 아이들마다 말 을 예쁘게 하자고 한다. 그럼 아이들은 싱긋 웃어가며 "아~ 예~ 예~." 하 며 비꼬듯이 대답한다.

이런 아이들에게도 통하는 사람이 있다. 자기들보다 욕을 더 잘하고 더 독한 사람 혹은 일관성 있는 말과 행동을 보여주며 자기들을 이해하고자 하는 사람이다. 이런 사람들에게는 아이들이 참으로 고분고분하다.

말하는 대로 생각하는 대로

어떤 말과 행동을 하느냐를 보면 그 사람의 됨됨이를 알 수 있다. 사회적 위치까지도 파악이 될 정도다. 중2 아이들이 사용하는 말을 들어보면 그 아이의 미래가 심히 걱정된다. 그만큼 말과 생각은 인생여정에 지대한 영향력을 발휘한다. 부모들 또한 말과 생각의 영향력에서 벗어날 수 없다. 때로는 미칠 듯이 솟구치는 분노 때문에 아이들을 향해 저주의 말을 퍼붓는다.

"나가 죽어라."

"너 같은 놈이 뭘 할 수 있어."

"넌 차라리 태어나지 말았어야 해."

"그렇게 해서 어디 먹고 살겠냐."

부정적인 말을 내뱉는다. 그런데 아이들이 욕보다 더 못견뎌하는 게 있다. 바로 가식적인 모습이다. 차라리 욕이나 저주가 낫지 가식적인 모습은 역겹단다.

알코올중독으로 가정은 돌보지 않고 매일같이 술을 마시고 때려 부수고 폭행이 비일비재한 사람이 자녀들을 향해 "너 그 따위로 살 거야?"라고 꾸짖는다면 과연 누가 그 말을 듣겠는가? 매일 드라마에 빠져서 책을 펴보지도 않는 엄마가 "책 좀 읽어라."라고 말하면 어떤 아이가 책을 읽

겠는가? 아마 그들은 속으로 이렇게 외칠 것이다. '너나 잘하세요!'

중2 남자아이와의 상담 중에 있었던 일이다. 아이가 내게 자신의 스마트폰을 보여주었다. 아빠와 나눈 메시지 창이었다.

아빠: 공부하느라 힘들지? 삼겹살 사가지고 갈게.

아이: 아빠, 씨발 스트레스. 진짜 공부하려는데 와서 지랄이야─ 시발
공부하려 했더만 시발 와서 방 치우라고 지랄하고 난리야─

어떻게 이런 글을 써서 보낼 수 있을까 싶다. 대상을 밝히지 않았지만 방 치우라는 엄마의 잔소리를 들은 모양이다. 이해가 더욱 안 가는 부분은 어떻게 아빠에게 엄마에 대한 욕을 할 수 있냐는 것이다. 모르긴 몰라도 아빠가 엄마에 대해 욕하는 것을 듣지 않았나 하는 생각이 들었다. 아이에게 슬쩍 물어보니 역시나 아빠의 욕설과 폭력이 엄마에게 가해지는 가정이었다.

대뇌생리학자들은 뇌세포의 98%가 말의 영향을 받는다고 한다. 내가 한 말에 대해서만 영향을 받는 것이 아니라 어떤 말을 들었는가, 누구와 대화를 나누었는가가 그 사람의 생각을 지배하고 뇌세포에 영향을 미친다고 한다.

부모가 일관성 있는 교육철학으로 마음을 부드럽게 만드는 말을 사용하면 '일관성 있는 행동'이 따라 나온다. 아빠만 해서도 안 되고 엄마만 해서도 안 된다. 부모 모두가 일관성 있는 말과 행동이 삶 속에 드러나야 한다.

'어떤 말을 만 번 이상 하면 미래에 그 일이 이루어진다.'라는 아메리칸 인디언 속담이 있다. 사춘기 아이들을 향하여 '안 된다.'라는 부정적

인 말을 퍼부을 게 아니라 꿈과 소망을 이룰 수 있는 말을 해보자. 말은 돈이 들지 않고도 아이의 삶을 바꿀 수 있는 멋진 도구다.

"너는 특별한 존재야."

"엄마는 네가 있어 참 기쁘다."

"넌, 역시 내 아들이 맞아."

지금 당장 아이에게 가슴 뛰는 말을 하자.
안 듣는 척해도 다 듣고 있다.

05
.....

중2만 지랄병이 아니다

사춘기가 시작되는 초등학교 4학년쯤부터 아이들이 연실 들락거리는 곳이 있다. 온통 아이들의 마음과 생각을 집중하도록 만드는 곳, PC방이다. 부모는 이해가 안 된다. 집에도 컴퓨터가 있는데 꼭 PC방에 가서 게임을 해야 하나 싶다. 아이들은 한사코 PC방에 가서 게임을 하려 든다. 중2 아이들에게 게임 얘기를 하면서 슬쩍 물어봤다.

"거기 가서 뭐 하려고?"

"뭐 하긴요. 친구들이랑 게임하죠."

"아니, 집에서 하면 되잖아. 집에서도 채팅하면서 전략 짜고 다 할 수 있는 거 아냐?"

"선생님, 집에서 하는 거랑 PC방에서 하는 거랑 분위기 자체가 완전

달라요.”

“뭐가 다른데? 좋아, 한번 가보자.”

아이들은 자기들이 좋아하는 PC방을 한번 가보자는 말에 이게 웬 횡재냐며 좋아 죽는다. 7명쯤 되는 아이들을 데리고 애들 말로 ‘피방’에 갔다. 이건 뭐 난리도 아니다. 같이 간 아이들은 내 눈치를 보는지 비교적 조용히 말하고 열심히 게임을 한 반면, 다른 아이들은 게임에서 몰리거나 지거나 할 때마다 소리를 지르고 욕하고 난리도 아니었다. 직원이 와서 조용하라고 주의를 주면 그때뿐이었다. 지랄도 그런 지랄이 없었다.

지랄병. 사전적 의미를 찾아보면 ‘간질이나 정신병을 속되게 이르는 말’이라고 아주 점잖게 표현하고 있다. 심한 경우 발작을 하면서 똥, 오줌을 배출하기도 한다. 지금은 의학이 많이 좋아져서 발작을 최소화시키거나 하지 않도록 하는 약이 있다지만 심해지면 결국 약에 의존하는 삶을 살아야 한다. 자신들의 욕구를 욕을 섞어 고성을 지르며 내뱉는 아이들이 안쓰럽기만 했다. 그 모습을 보니 왜 중2를 가리켜 지랄병이라고 말하는지 쉽게 이해가 갔다.

여기까지는 세상 물정 모르는 아이들이니까 그렇다 치자. 정작 문제는 부모들이다. ‘그게 뭐 대수냐?’라며 넘어가는 부모, ‘잘 알고 있는데 어떻게 막을 방법이 없다.’라며 책임을 회피하는 부모, ‘그렇게 해서라도 스트레스가 해소되면 좋겠다.’라는 부모, 아이들과 똑같이 큰소리로 화내는 부모 등등. 중2 아이들은 그냥 스스로 만들어지지 않는다. 부모의 모습을 그대로 보고 영향을 받을 수밖에 없다.

버스를 타기 위해 정류장 벤치에 앉아 있는 동안 중2 또래로 보이는 여자아이들이 하는 이야기를 우연찮게 듣게 됐다.

"요즘 울 엄마 아빠 진짜 웃기다."

"왜? 뭔 일 있어."

"울 엄마 아빤 사춘기가 다시 오나 봐. 나보다 더 심해."

"왜 그러는데?"

"아는 오빠들이랑 놀다가 좀 늦게 들어갔거든. 아빠가 막 소리 지르고 혼내는 거야. 그래서 죄송하다고 했지. 내가 잘못했으니까. 좀 지나니까 풀어지더라고…."

"에이, 근데 그게 뭐?"

"근데 다음 날 밥 먹고 있는데 시발 엄마가 와서는 또 막 승질내고 난리 치는 거야. 아니 내가 사춘기인데 누가 사춘기인지 모르겠더라니까?"

"와, 중2 딸한테 그랬단 말이야? 혹시 너네 부모님들 중2를 모르는 거 아냐?"

"아니, 내 말이…. 아. 짱나. 도대체 누가 사춘기인 줄 모르겠다니까. 지들이 사춘기인 줄 알아. 뻑하면 나한테 승질내고 소리 지르고…. 요즘 내가 눈치 보며 산다니깐."

실제로는 이보다 더 거칠었다. 여자아이들은 마치 다 들으라는 듯 큰 목소리로 대화했다. 학교 선생님들도 두려워한다는 중2인데 엄마 아빠는 아무렇지 않다는 듯이 먼저 화내고 소리 지르고 하니 아이들도 기가 차는 모양이다. 겉으로는 아무렇지도 않은 척, 쿨한 척했지만 화내고 소리 지르는 부모의 모습에 불안해한다는 걸 느낄 수 있었다.

아이들은 부모의 말, 교사의 말, 친구들의 말… 늘 말에 둘러싸여 있다. 들려오는 말이 부정적이고 폭력적이라면 아이는 말의 영향을 받을 수밖에 없다. 더욱 심각한 것은 폭력성이 더해간다는 데 있다. 훈계는 필요하나 불필요한 과잉 감정을 아이에게 발산하면 안 된다. 이는 잘못된 언행을 바로잡기보다는 오히려 삐뚤어지는 역효과를 가져올 수 있다.

장경희 한양대 교수는 전국 6개 권역(경인, 강원, 충청, 전라, 경상, 제주)의 초·중·고등학교 학생 6,000여 명과 교사 184명을 대상으로 '청소년 언어실태 언어의식 전국조사'를 실시하였다. 이에 따르면 청소년들은 부모의 언어폭력 등으로 인한 가정 내 스트레스가 높아지면 비속어 사용 빈도가 늘어나는 것으로 조사되었다(문화체육관광부, 2011).

세상을 살면서 화내지 않기란 좀처럼 쉬운 일이 아니다. 부부 사이도 마찬가지다. 부부가 싸우지 않고 살 수는 없다. 안 싸우고 살면 오히려 이상한 것이다. 우리 부부는 아이들이 보고 들을까 봐 방문을 꼭 달아놓고 싸운다. 그런데 어떻게 그 상황을 알았는지 다음 날 아침이면 여지없이 지난밤에 엄마 아빠가 싸운 일에 대해서 말한다.

"엄마, 내가 모를 줄 알지? 어제 밤에 아빠랑 싸웠지. 다 알고 있어."

할 말이 없다. 다 알고 있다는데 무슨 말을 하겠는가. 그나마 이 정도는 양반이다. 누가 있건 없건 마음껏 소리 지르고 던지며 거기에 육박전까지 치르며 싸우는 부모들도 있다. 이런 부모가 하는 말을 중2 아이들이 들을 것이라 생각하면…. 그런 부모가 아무리 좋은 말로(혹은 거친 말로) 훈계를 한다 해도 아이들은 콧방귀도 뀌지 않을 것이다. '자기들이나 잘하지? 자기들 앞가림도 못하면서 웬 잔소리를 저렇게 하는지….' 부모가 하는 훈계는 더 이상 훈계가 아니다. 이보다 더 큰 문제는 '화가 나거나

마음에 들지 않는 일이 발생하면 저렇게 욕하고 싸워도 되는구나.'라는
인식이다.

중2 아이들이 너무 독해 보여서 상처를 받지 않을 것 같지만 아니다.
아픔을 참고 견디다 못해 폭발하는 모습을 여러 번 보았다. 중2 아이들의
'지랄'은 하늘에서 뚝 떨어진 것이 아닌, 사회 안에서 이러저러한 사람
들의 영향을 받고 만들어진 것이다. 어쩌면 '지랄병'은 마음이 아프다는
것을 거침없이 밖으로 보여주고 있는 것일지도 모른다.

아이를 비난하고 조롱하기 전에
'왜 저렇게 반응할 수밖에 없나.' 깊이 고민해보자.
그 해답은 부모가 가지고 있다.

이제는 부모도
인정받아야 한다

사춘기 아이를 둔 부모에게는 굳어진 습관이 있다. 바로 '잔소리하기'이다. 아이를 보기만 하면 잔소리를 시작한다. 가방을 멘 모습부터 시작해서 밥을 먹었는지 안 먹었는지, 스마트폰을 좀 그만할 수 없는지… 아이가 숨 쉴 틈조차 주지 않고 눈에 거슬리는 모든 것을 습관처럼 지적한다. 부모로서 책임을 다하고 있다는 안도감을 느끼기 때문인지 몰라도 아이는 짜증을 내며 점차 마음을 닫는다. 습관처럼 아이를 향해 쏟아붓는 말이 부정적인 말인지 긍정적인 말인지 생각해보아야 한다. '듣기 좋은 꽃노래도 한두 번이지.'라는 속담이 있다. 하물며 짜증이 섞인 부모의 말은 말할 것도 없다.

이 세상에 완벽한 부모는 없다

이미 굳어질 때로 굳어진 부모의 습관을 갈아엎어야 한다. 부모는 나중에 후회할 줄 알면서도 똑같은 말과 행동을 반복해서 아이에게 사용한다. 한참 예민한 사춘기의 아이들은 그 상황을 못 견뎌한다. 그렇다면 어떻게 굳어진 습관을 바꿀 수 있을까? 『습관의 힘』(2012, 갤리온)의 저자 찰스 두히그는 습관 변화의 황금률을 이렇게 정의하고 있다.

"동일한 신호와 동일한 보상을 유지하면서 새로운 반복 행동을 더하라."

아이를 대할 때 습관적으로 나오는 말과 행동을 바꾸기 위해서 새로운 반복 행동이나 말을 정해보자. 안 좋은 것은 약화시키고 좋은 것은 강화시키는 것이다. 한 번에 바뀌지는 않지만 습관화시킨다면 아이들의 변화를 유도할 수 있다.

"아들, 정말 멋진데 가방을 양쪽으로 메면 더 멋있을 것 같아."

"오늘 화장이 잘 먹었네. 근데 눈 있는 쪽이 너무 짙은 것 같다. 엄마가 고쳐줄게."

한순간에 확 변하지는 않지만 아이들 마음의 문이 점차 열리는 것을 느낄 수 있다. 문제는 일관성 있게 유지할 수 있느냐다. 아이에게 원하는 것이 있다면 변화된 모습을 인정받아야 한다. 최선을 다해서 너를 인정하고 존중하고 있다는 마음이 담긴 말로 표현해야 한다. 말뿐인 인정과 존중은 경멸을 낳을 수 있다.

"우리 엄마는 다른 사람들 앞에서만 나에게 잘해주는 척해요."

"아빠는 약속을 안 지켜요."

"말로는 누가 못해요."

아이들이 구구절절 맞는 말만 한다. 부모는 행동으로 삶 속에서 보여주어야 한다. 서로의 신뢰관계 형성을 위해서는 필수적이다. 아이들은 부모의 마음속을 들여다볼 수 없다. 아이들도 부모가 한 말이 진심인지 아닌지는 어느 정도 가늠할 수 있다. 하지만 그것만 가지고 중2 아이들의 삶을 변화시키기에는 역부족이다. 왜냐하면 그들은 이성적인 것보다는 감각적·감정적인 것을 더 좋아하기 때문이다. 눈으로 볼 수 있도록 만들어주어야 한다. 그래야만 긍정적 감정을 가지게 된다.

혼자의 힘만으로 벅찰 수 있다. 그럴 때 주변에 비슷한 부모들과 교제를 하며 정보를 나누는 것이 큰 힘이 될 수 있다. 도움만 받을 것이 아니라 필요한 도움이 무엇인지 물어보자. 사춘기 아이들에 대해서 험담을 하자는 말은 결코 아니다. 긍정적인 느낌을 주기 위한 방안들을 찾을 때 경험자들의 이야기만큼 좋은 것은 없다. 그러나 그것이 완벽한 대안이라고 생각하면 오산이다. 왜냐하면 이 세상에 완벽한 부모는 없기 때문이다.

오히려 아이들 앞에 부모의 부족함을 솔직하게 이야기하는 것도 좋은 방법이다. 푸념을 늘어놓으라는 것이 아니라 아이들의 이해를 구하는 것이다.

"이번 달에는 나가는 비용이 많아서 네가 원하는 스마트폰을 바꾸기가 어려울 것 같다. 아빠가 최선을 다해서 마련해봤는데 그래도 여전히 부족하네."

"아빠, 약속하셨잖아요. 이번 달에는 스마트폰 바꿔주신다고."

"조금만 기다려 줄래. 아빠가 조금 더 노력해볼게."

"됐어요. 아직 쓸 만한데. 제가 정말 바꿔야겠다고 생각이 들면 그때 말씀 드릴게요."

인간적 유대관계를 강화하는 데 진솔함만큼 큰 힘을 발휘하는 것은 없다. 부모로서 무능함이 드러날까 싶어 두려워 숨기고 과장하는 것이 중2 아이들을 더 힘들게 한다. 무능한 부모라는 두려움을 이겨내라. 아이가 지켜보고 있다.

말만 앞서서는 안 된다.
행동으로 보여주자.

07

"엄마 아빠, 그때는 죄송했어요."

중2가 되니 아이가 순식간에 돌변하더라는 소리를 종종 듣는다. 하지만 정작 유심히 들여다보면 아이는 그전에 이미 메시지를 보내고 있었다. '나 변할 겁니다. 나 변해요.' 그 신호를 알아차리지 못한 건 부모다. 중2 아이가 보내는 신호를 느끼지 못하는 사이 아이는 전혀 다른 세상 사람처럼 변해 있다. 그러고는 적정 스트레스가 도화선이 되어 마침내는 폭발하고 만다.

'자고 일어나니 순한 양이 되어 있더라.'

이런 꿈같은 일은 기대하지 말아야 한다. 사춘기의 신호를 서서히 보냈던 것처럼 어느 정도 신체적·감정적 적응이 되면 아이는 또 신호를 보낸다. '나 변합니다. 변해요.'

사춘기를 호되게 겪은 부모는 안정적으로 변하는 아이를 쉽게 알아차린다. 빠른 시간 내에 아이의 혼란스러운 정체성이 올바로 세워지고 홀로서기에 성공한다면 눈을 들어 주변을 둘러보고 부모를 바라보게 된다. 그리고 한마디 부모에게 던진다.

"엄마 아빠, 그때는 죄송했어요."

변함없는 사랑을 넘어서 존경받는 부모

이러나저러나 나를 낳아주시고 길러주신 부모이기에 당연히 존경받아 마땅하다. 그러나 이 말은 철들었을 때의 말이고 거센 태풍처럼 몰아치는 중2 아이들의 귀에는 하나도 들리지 않는다. 귀를 틀어막고 고래고래 소리를 지를 것이다.

누군가에게 인정받는다는 것은 기분 좋은 일이다. 가족에게 존경을 받는다는 것은 인생을 살아온 나날들이 헛되지 않았음을 확인하는 계기가 된다. 중2 아이들은 항상 화 난 맹수와 같다. 그 아이들이 웃으며 다가와 죄송하다고, 사랑한다고 말해준다면 그처럼 기쁜 일이 어디 있을까? 이런 일은 어느 날 갑자기 일어나지 않는다. 사춘기 아이가 신체와 감정의 변화로 혼란스러워할 때 어린아이 때와는 다른 방법으로 아이를 위로하고 도와주자. 그럼 아이는 부모님이 어떻게 참고 자신을 기다려주었는지 기억할 것이다. 그러기 위해서는 시간이 필요하다.

부모는 늘 아이에게 이렇게 저렇게 할 것을 요구한다. 아이는 이제 사춘기에 접어들었고 자기 홀로 무엇인가를 해보겠노라는 결정을 내렸다. 그런데 부모는 알아차리지 못한다. 갈등이 계속 쌓이다 어느 순간 깨달는다.

'내 아이가 다 컸구나.'

그렇다고 마냥 내버려둘 수만은 없다. 중2 아이들의 감정은 왔다 갔다 한다. 마치 한여름날의 소나기같이, 여우비같이 그렇게 오락가락한다. 아이가 기분이 좀 나아졌을 때 부모로서 도움을 구하거나 요청해보자.

"성혁아, 엄마가 요즘 많이 힘든데 청소 도와줄 수 있니?"

"그래요. 뭐 그까짓 것 도와 드리죠. 청소기가 어디 있죠?"

부모의 연약함을 드러내 보이고 함께 의논하는 모습에 아이는 도움 요청을 흔쾌히 받아들인다.

자신이 진정으로 존중받는다는 것을 알게 되면 중2 아이들 또한 함부로 대하지 않는다. 그런데 많은 부모들이 말 같지 않은 말을 하는 아이들을 향하여 말을 끊고 일갈한다.

"됐어! 그게 무슨 소리니?"

"그게 말이 된다고 생각해?"

"누구 말을 듣고 와서 하는 말이야."

"말 같지도 않은 소리 하고 있어."

중2 아이들은 자신의 이야기를 듣지 않는 부모에게 마음과 입을 닫아버린다. 그러고는 '부모님이 나의 이야기를 듣지 않았으니까 나도 부모님의 말을 듣지 않겠어.'라고 결론 내리고 그때부터 청개구리처럼 부모의 말과는 전혀 상관없는 짓들을 한다.

'아이의 말을 끊지 않고 끝까지 들어보리라.' 다짐하고 위트 있게 대화를 이끌어보자. 마음속에서 천둥번개가 치고 난리가 나도 끝까지 인내

하며 참아보는 것이다. 남의 아이에게 말하듯이 내 아이에게 말하면 최
소한 험한 말을 살벌하게 내뱉지는 않을 것이다.

자신의 이야기를 듣지 않는 부모에게
아이는 입과 함께 마음까지 닫아버린다.

"사춘기,
그래도 사랑하는
내 아이"

01

때로는 마음을
감출 필요가 있다

아이를 사랑하지 않는 부모가 어디 있을까? 사랑이라는 가면을 쓴 집착이 아이들을 꽁꽁 묶어 두지는 않나 생각해보아야 한다. 넘치는 사랑은 오히려 독이다. 아이의 생각을 존중해주며 사랑 표현도 적절히 해야한다. 무턱대고 "내가 다 해줄게. 넌 시키는 대로만 해."라고 말하는 것은 중2 아이를 더 작게 만들고 자칫 파멸의 길로 끌고 갈 수 있다. 아이들은 이제 부모로부터 정신적으로 홀로서기를 해야 할 때인데 부모가 방해하고 있는 꼴이다.

중2 아이들의 방을 들여다보자. 부모의 사랑이 절절이 묻어 있다. 그런데 혹시 아이들이 원하는 것이라면 무조건 사주고 보지는 않는가? 컴퓨터 70만 원, 스마트폰 100만 원, 게임기 30만 원, 화장품 20만 원, 신발

10만 원, 가방 30만 원 등등 부모들은 조금이라도 부족함 없이 키우기 위해 빚을 내서라도 채워주는 실정이다.

필요한 물품들이긴 하지만 아이에게 과분하게 베풀고 있지는 않은가. 아이를 그저 돈을 따라다니는 인생으로 인도하고 싶은 부모는 없을 것이다. 중2 아이들은 부모가 몸소 보여준 가치관에 영향을 받을 수밖에 없다. 큰 사랑을 보여주자. 가족을 사랑하고 이웃을 배려하는 모습, 어렵고 연약한 이들을 돌보는 모습, 사회에 공헌하고 역사의식으로 무장된 모습들을 보여준다면 그 모습을 보고 자란 중2 아이들은 크게 빗나가지 않는다. 아이들은 감동을 받고 감동을 나눌 줄 아는 사람이 된다.

계급장 떼고 먼저 다가서라

중2 아이들은 부모의 일관성 없는 말과 행동에 혼란스러움을 느낀다. 부모가 "검소하게 살라." 말하면서 과소비를 일삼는다면 아이는 부모를 가식적이라 여길 것이다. 부모가 "현재 어떤 일을 하고 있느냐가 미래를 결정해."라고 말하면서 쓸데없는 일에 시간을 허비한다면 아이는 부모의 말을 들으려 하지 않을 것이다. 가치기준의 모범인 부모가 기준과는 전혀 다른 삶을 산다면 아이는 자기 멋대로 말하고 행동해버린다.

사춘기 아이에게 부모의 잘못된 생각이나 말에 대하여 미안하다고 말해야 한다. 부모들이 잘하지 못하는 것 중에 하나가 아이에게 사과하는 것이다. 자신의 잘못을 설득하려 들기는 하지만 인정하고 사과하지는 않는다. 미안하다고 말하면 부모의 권위가 땅바닥에 떨어지기라도 하는 듯이 말이다. 계급장 떼고 아이에게 먼저 다가서자. 지금이라도 가르칠 것을 제대로 가르쳐야 한다. 중2 아이들이 원하는 것은 그것이다. 부모의 권위를 앞세워 부모의 욕망을 채우는 것이 아니라 먼저 '미안하다, 사랑한다.' 하고 말해주기를 기다리고 있다. 지금부터 바로 실행에 옮겨보자. 매일 '미안하다, 사랑한다.'라고 입으로 소리내며 말해보자. 수없이 되뇌이며 연습해보자. 메말랐던 마음이 다시 살아나게 될 것이다. 메말랐던 눈물도 다시 흐르게 될 것이다.

"아들, 미안해. 아빠가 부족해서 아들 마음을 아프게 했어."

"딸, 미안해. 앞으로는 엄마가 좀 더 깊게 생각하고 말할게."

아이를 미치도록 사랑하자. 단 올바른 가치관과 절제된 행동방식이 필요하다. 무조건적으로 아이의 필요를 채우는 것이 사랑이 아니다. 가르칠 것을 제대로 가르치지 않는 것은 직무유기다. 중2 아이들이 이 시기를 통해 더 큰 사랑을 배우고 더 큰 감동을 누리며 살기 위해 절제된 사랑은 반드시 필요하다.

아이를 사랑하는 데에는.
올바른 가치관과 절제된 행동방식이 필요하다.

02

내 감정을 요리하라

사춘기 아이들은 부모와 분리된 인격체로 성장하려고 고분분투한다. 이때 스스로 살아갈 용기와 힘을 불어넣어주는 것이 부모가 할 일 중 하나다. 아이의 어려움을 보고 부모가 품에 감싸고 해결해주는 건 아이가 스스로 자신을 보호할 수 없을 때까지다. 하지만 부모들은 자꾸 해결해주고 싶어 한다. 부모에게는 덩치가 크나 작으나 항상 유아기의 모습으로만 비춰지기 때문이다. 온실 안의 꽃은 오래가지 못한다. 오히려 야생하는 풀은 짓밟히고 폭풍에 휩쓸려도 여전히 그 자리에 있다. 야생의 풀이 흔들리지 않게 대지가 지탱해준다. 사춘기 부모는 대지처럼 아이들을 지탱해주되 하나의 또 다른 인격체임을 인정해주어야 한다.

자녀교육의 마지막 테스트라고 생각하고 중2 아이들을 돌보아야 한다. 성인이 되어서는 아이들이 자신의 삶을 살아가도록 말이다. 사춘기 아이들에게 '책임감'과 '애정'을 알려주고 스스로의 일을 감당할 수 있는 능력을 키워주어야 한다. 만물을 사랑하는 마음을 심어주어야 한다. 그리고 진정성 있는 말을 통해 아이에게 전달될 수 있도록 한다.

'어떻게 하면 아이의 삶을 올바른 방향으로 이끌어줄 수 있을까?' 하는 고민이 필요하다. 너무 늦게도 말고 너무 앞서가지도 말고 아이의 감정과 상태를 직시하며 조절해야 한다. 그런데 우리의 감정이 때로는 방해가 된다. 아이를 사랑하는 마음이 막 생기다가도 아이의 삐뚤어진 모습, 부모가 원하지 않는 모습이 보이면 이것저것 따지기보다 대뜸 폭언과 폭력으로 아이를 상하게 만든다.

인생을 아트로!

사춘기 아이와 함께 부모도 성장해야 한다. 요리하듯이 나 자신을 조절할 필요가 있다. 음식은 우리에게 영양분을 주기도 하지만 우리의 감각을 즐겁게도 한다. '맛있는 요리'는 요리사의 능력에 달려 있다. 훌륭한 요리사는 숙달된 솜씨로 칼질을 하고 모양을 내고 먹는 사람에 따라 간을 맞춘다. 그런데 요리솜씨보다 중요한 게 있다. 사랑하는 마음, 존중하는 마음이 있다면 그 음식은 더 이상 음식이 아니라 예술이다.

우리 아이들의 인생을 예술로 승화시켜보는 것은 어떨까? 부모의 마음과 감정을 숙련된 요리사처럼 조리한다면 부모의 인생도 훌륭한 예술이 될 수 있다. 문제는 언제 잘라야 하는지, 어떤 세기의 불로 끓여야 하는지, 소금을 넣어야 할지, 조미료를 넣어야 할지 잘 모른다는 것이다. 뱃

속에서부터 요리를 배워 나온 사람은 없다. 요리책을 읽고, 인터넷을 검색하고, 요리학원을 다니면서 솜씨가 느는 게 아니겠는가.

중2 아이의 감정이나 부모의 감정을 요리하는 일은 쉬운 일이 아니다. 그렇지만 못할 일도 아니다. 요리를 잘하지 못한다고 포기하면 계속 못하는 것처럼 감정을 다루는 일이 힘들다고 해서 포기한다면 나뿐 아니라 다른 사람까지 힘들어진다. 우리 아이들을 운에만 맡겨둘 수는 없다. 어렵더라도 팔을 걷어붙이고 나의 감정을 조절하는 능력을 키워나가야 한다. 그래야 아이도 상처받지 않고 나 또한 성장한다.

사춘기는
아이와 함께 부모도 성장하는 시기다.

03

참견한다고 느끼지 않게 하라

부모는 아이를 위한 최선의 방법이 무엇일까 항상 고민한다. 잠자리를 뒤척이기도 하고, 운전을 하다가 길을 잘못 들기도 한다. 내가 아이에게 실수해서 상처라도 준 건 아닌지 고민한다. 그러다 또다시 아이와 대치하는 순간이 되면 마음을 다스리지 못하고 버럭 소리를 지르거나 아무말도 할 수 없게 부모의 생각을 아이에게 마구 쏟아붙인다. 그러면 사춘기 아이들은 반항하거나 자기 자신만의 세계로 들어가버린다. 그 속에서 나오지 않는다. 부모는 사춘기 아이가 하는 행동, 말투 모든 것이 마음에 들지 않는다.

"제는 누굴 닮아서 저렇지?"

"너, 당장 그만두지 못해?"

"이다음에 커서 뭐가 되려고 저래?"

탐탁지 않은 마음에 아이에게 하지 말아야 할 말들로 가슴에 비수를 꽂는다. 볼 때마다 끊임없이 잔소리를 한다. 아이는 모든 것이 짜증 나고 집에 들어오는 것이 싫을 수밖에 없다. 밖에서는 친구들과 마음을 주고받으며 재미있게 이야기하는데 집에만 오면 스트레스를 받는다고 한다.

"엄마 입을 확 막아버리면 좋겠어요." 이건 착한 아이들의 표현이다. 심한 아이들은 '죽인다'라는 표현을 쓴다. 끼니마다 밥을 챙겨주고 입을 옷을 사주고 안전한 집을 제공해주는 부모에게 아이들이 쓰는 표현이다. 의식주 해결 등 물질적인 것들이 아이들의 원하는 바를 전부 채워줄 수는 없다. 학교에서도 집에서도 환영을 받지 못하고 마음의 상처를 치유하지 못한 아이들은 자살이라는 극단적인 선택을 하기도 한다.

아이들의 속마음

나는 만나는 아이들마다 "넌 어떤 사람이 되고 싶니?" 하고 질문한다.

"저는 의사가 되고 싶어요."

"아니, 어떤 사람이… 그러니까 어떤 의사가 되고 싶으냐고."

"…."

아이들은 하나같이 명쾌한 답을 내놓지 못한다. 꿈이 무엇인지 정한 아이들은 그나마 좀 나은 아이들이다. 대부분의 아이들은 "아직 꿈이 없어요."라고 말한다. 그러니 "어떤 사람이 되고 싶냐?"라는 질문에 대답할 수 없는 것이다.

목표가 정해져 있지 않으니 어디로 어떻게 가야 하는지 모른다. 삶에 의미가 없기에 대충대충 살아간다. 왜 공부를 해야 하는지, 왜 남을 배려해야 하는지 등등 궁극적인 의미를 찾지 못해 혼란스러워한다. 왜 아이들이 자기 정체성을 찾지 못하는 것일까? 학교의 제도적 문제 때문에? 아니면 사회적 문제 때문에? 그것도 아니면 도대체 무엇이 문제일까?

사춘기 중2 아이들은 이제 막 고민하고 생각하기 시작했다. 그런데 롤모델이 안 보인다. 아이들이 누구를 롤모델로 삼을까? 당연히 부모다. 멀리 있는 사람, 안 보이고 느끼기 어려운 사람을 본받는다는 것은 웬만한 결심이 아니면 안 된다. 늘 같이 밥 먹고 대화한 사람은 배우지 말라고 해도 자연스럽게 닮기 마련이다. 부모가 어떠한 위치에서 무슨 말을 하는지는 아이의 삶에 지대한 영향을 준다.

아이들은 "집에 가면 오히려 짜증 난다."라고 한다. 그렇지 않아도 학교에서, 학원에서 지체 높으신 분들의 이야기를 듣느라 피곤한데 집에서까지 이래라 저래라 하는 말이 듣기 싫단다. 밖에서도 공부하라는 말을 듣고 다녔는데 집에서까지 공부하라는 말을 들으면 미칠 지경이란다. 집은 집다워야 한다. 쉴 수 있는 공간이 있고 맛있는 음식이 올려진 밥상이 있고 자신을 위로해주고 즐길 수 있는 공간 말이다. 마음 편히 지낼 수 있다면 집은 천국일 것이다. 여기에 재미까지 있다면 금상첨화다.

중2 아이들이 미치고 팔짝 뛸 정도로 좋아하는 게 있다. '재미'다. 「무한도전」이나 「개그콘서트」를 보고 있노라면 폭소를 터트리지 않을 수 없다. 아이들이 좋아하는 요소들로 가득 차 있다. 재미있는 부모가 되어보자. 소위 아이들이 이야기하는 '개드립'을 쳐보자. 아이들은 뒤로 자빠지며 웃을 것이다. 어설프게 웃기더라도 아이들은 좋아할 것이다.

일단은 조금 망가져야 한다. 그런 것 못한다고 뒤로 빼고 있지 말자. 중2 아이와의 관계 유지를 위해 재미라는 요소를 채울 만한 것을 개발해야 한다. 단지 재미만을 위해서가 아니다. 마음이 열리면 무엇이든 받아들이기 쉽다. 사춘기 아이들 문제의 90%는 마음이 열리면 해결이 된다. 기분 좋을 때, 특히 웃고 있을 때는 더욱 받아들이기 쉬워진다. 그때 웃으면서 한마디 툭 던지는 것이다. 위트 있게, 조금 더 부드럽게 평소에 생각하던 말을 하는 것이다. 칭찬하는 말이면 더 좋다. 칭찬도 어느 부분이 좋았다는 식의 구체적인 표현이 좋다. 왜 좋았는지 아이에게 말해줄 때 아이는 자부심을 느끼게 된다. 이는 정체성을 찾아가는 지름길이 된다.

별 것 아닌 것에도 의미를 부여하자. 사춘기 아이들이 문제를 일으키는 이유는 '정체성의 부재' 때문이다. 남에게 칭찬 받기 위해 자신의 본모습을 찾지 못하고 살아간다면 얼마나 불행한 인생인가? 부모가 말하는 의미부여는 곧 아이들 자신을 찾아가는 길임을 기억하자.

아이의 마음을 열기 위해서라면
'어설픈 개그'로 망가지는 용기가 필요하다.

04

넘치는 것은
모자람만 못하다

부모는 나보다 더 나은 자녀를 키워내기 위해 고군분투한다. 부와 명예, 권세 면에서 자신보다 더 뛰어나길 아이들에게 요구한다. 자신이 이루지 못한 부분을 자식이 대신 이루어주기를 원한다. 마치 한을 풀기라도 하듯 자녀에 대한 애착이 병적으로 나타나기도 한다.

사춘기를 지나고 있는 중2 아이들은 부모의 애착이 가져다주는 중압감 때문에 힘들어한다. 물론 모든 부모가 자식 잘되길 바라겠지만 대한민국 부모들의 교육열은 도가 지나치다.

"뼈를 깎는 수고를 해서라도 아이가 다른 아이와 비교했을 때 꿀리면 안 된다."

"나는 못 먹고 못 입어도 아이에게는 최고로 좋은 것을 해주리라."

"남들 다 하는데 내 아이만 못하면 기죽을 거야. 절대 용납 못해."

그러다 보니 아이를 향한 기대가 클 뿐만 아니라 혹여 자신의 기대에 못 미치면 배신감마저 느낀다. "내가 너에게 어떻게 했는데 네가 이럴 수 있어." 하고 부모는 아이가 마치 자신과 유기적으로 연결되어 있는 듯 자신의 감정을 배설한다. 아이들은 이 부분을 못 견뎌한다.

보이는 게 다가 아니야

늘 기대에 부응하는 삶을 살아야 한다는 강박관념에 사로잡힌 아이를 만났다. 어떻게 보면 착한 아이라고 하겠지만 내가 들여다본 아이의 속은 병들어가고 있었다. 한참 친구들과 수다도 떨고 넘치는 에너지를 발산해야 하는데 자제하려다 보니 속에서부터 곪은 것이다.

"저는 자유롭고 싶어요. 내 마음대로 하고 싶은데 아빠 엄마를 생각하면 마음이 답답해지고…. 마치 좁은 땅굴 속에 들어가 있는 느낌이에요. 미칠 것 같아요."

이런 아이들은 겉으로는 문제가 없는 듯 보인다. 그런데 한 걸음 더 나아가서 들여다보면 과도한 부모의 헌신 때문에 아파하고 있다. 정작 부모들은 그 사실을 모른다. 자신들이 아이에게 어떻게 해준 것만 보인다. 그리고 아이에게 요구한다.

"내가 이렇게 했으니까 너도 이렇게 해야 돼."

『논어』「선진」편에 나오는 가르침이다. 공자의 제자 자장은 활발한 기상에 적극적인 사고를 가진 제자이고, 자하는 모든 일에 신중하고 현실적인 행동을 했다. 공자는 이 두 제자 모두 중용(中庸)의 도가 부족하

다고 생각했다. 공자는 제자들에게 '넘치는 것은 모자람만 못하다.' 즉
과유불급(過猶不及)의 이치를 가르쳤다. 잘 크라고 뿌린 거름이 너무 많
아 오히려 작물을 죽이는 결과를 낳기도 한다.

사춘기 아이들은 아직 자라는 중이라는 사실을 잊지 말자. 자기의 정
체성을 찾아 이리저리 돌아다니며 자신을 찾아가는 중이다. 인생 가운데
서 비바람이 몰아쳐도 견뎌낼 수 있는 건강한 인격의 소유자가 되는 중
이다.

부모들은 고민한다. 너무 안 챙겨주어도 문제, 너무 챙겨주어도 문제
라 하니 그럼 어떻게 하란 말인가? 한 가지 확실한 것은 '무조건'은 아이
에게 해가 된다는 사실이다. 사춘기가 시작되면 나름대로의 자기주장이
생기기 시작한다. 그것들은 주변에서 자주 만나고 대화하는 상대로부터
획득한 정보들이다. 즉, 자신만의 생각이 아니다. 아이는 맞는지 틀린지
생각도 하지 않고 자신의 감정 상태에 따라 쏟아놓는다. 이때 부모는 감
정을 폭발시키고 같이 싸울 게 아니라 교통정리를 해주어야 한다. 아이
에게 선포하자.

"내가 너에게 해줄 수 있는 것이 있고, 해줄 수 있지만 너에게 좋지 않
다고 판단되어 안 해주는 것도 있어. 앞으로는 네가 요청하는 것만 타당
하다고 생각되는 범위 내에서 해줄 거야."

아이가 정당하게 요구할 때까지 참고 기다리겠다는 부모의 단호한 결
단이 필요하다. 미리 챙겨주는 것은 아이를 바보로 만든다. 『공자가어
(孔子家語)』에 나오는 교훈 중에 '유좌지기(宥坐之器)'가 있다. 항상 곁
에 두고 보는 그릇이라는 말로 마음을 알맞게 유지하기 위해 보는 그릇

이라는 의미다. 부모에게도 자기의 마음을 조절할 수 있는 무언가가 필
요하다.

해줄 수 있는 것과
해줄 수 있지만 해주지 않는 것을 분간하라.

05

너희가 내 마음에 있다

마음에 두었던 일은 자꾸 생각난다. 아침에 눈을 뜰 때도, 밥을 먹을 때도, 일을 할 때도, 잠자는 동안에도 좀처럼 사라지지 않는다. 미치도록 하고 싶은 일이 있는데 그 일을 마음에만 담고 실행하지 못하면 병이 나기도 한다.

사춘기를 사춘기답게 지내지 못하면 나이가 들어서라도 반드시 찾아온다고 한다. 사춘기는 인생에서 꼭 한 번은 거쳐가야 하는 관문이다. 마음에 맺힌 것을 '한'이라 하는데 아이들 마음에 무언가 맺힐 일은 만들어주지 말아야 한다.

사춘기 아이들은 독립적인 개체가 되길 원하면서 자신이 누구인가를 끊임없이 찾아 증명하려 든다. 그 과정에서 부모가 심하게 간섭을 하면 아이들은 마음에 상처를 입고 부모가 원하던 방향과는 전혀 다른 방향으로 가게 된다. 이럴 때 과연 부모는 어떻게 해야 할까?

엄마의 눈물은 결코 배신하지 않는다

중2 아이들을 변화시키는 방법 중 이것만큼 확실한 것은 없다. 바로 '부모의 눈물'이다. 아이를 안고 울어라. 엄마의 눈물은 결코 배신하지 않는다. 눈물은 묘한 구석이 있다. 울고 있는 사람을 보고 있으면 어느덧 자신의 눈에도 눈물이 흐르고 응어리진 마음이 눈 녹듯이 녹는다. "우리 아이가 왜 그러는지 모르겠어요."라고 답답해하는 부모들을 향해 나는 말한다.

"아이를 위해 얼마나 눈물을 흘리셨나요?"

반항하는 아이들을 향해 자신의 감정을 폭발하며 분노하지 말고 '눈물'을 흘려보자. 아이를 부둥켜안고 심장과 심장을 맞대고 울어보자. 아이는 순식간에 달라지지 않겠지만 엄마 아빠의 눈물을 기억할 것이다. 눈물은 사람을 감동시키는 강력한 힘이 있음을 잊지 말자.

아빠의 인정을 받는 아이는 슈퍼맨이 된다

사람은 가치를 알아줄 때 기뻐한다. 아이들도 마찬가지다. 아이를 인정해주자. 중2 아이들이 목말라하는 것은 자신을 진정으로 배려해주고, 자신이 가고자 하는 길을 묵묵히 응원해주는 마음이다. 특히 아빠의 인정은 아이를 강하게 하고 매사에 자신감이 넘치는 아이로 만든다. 아빠의 인정을 받은 아이는 자신을 제어할 힘을 갖는다.

"아빠는 너를 하나의 인격체로 존중해."

"너의 판단을 믿는다."

"힘들면 언제든지 말해. 네 뒤에는 아빠가 있어."

마음을 실은 말 한마디는 천군만마를 등에 업은 듯한 든든함을 안겨줄 것이다. 교육심리학에서 사용하는 '피그말리온 효과(Pygmalion effect)'라는 용어가 있다. 심리적 행동의 하나로 교사의 기대에 따라 학습자의 성적이 향상되는 것을 말하는데 교사기대효과, 로젠탈효과, 실험자효과라고도 말한다.

이제부터 아이에게 잔소리는 하지 말고 기대하는 말을 건네자. 그것도 확 드러나게 말고 은근히 표현하자. 아빠의 기대는 잊지 못할 순간을 지나고 있는 아이의 마음에 한 획을 그을 것이다.

마음의 소리 듣기, 경청

돋보기를 끼고 세밀한 작업을 하는 세공사처럼 아이 마음의 소리를 들어야 한다. 말, 표정, 행동에서 사춘기 아이가 말하고자 하는 것이 무엇인지 감지해내야 한다.

조신영, 박현찬이 함께 쓴 『경청』(위즈덤하우스, 2007)이라는 책에서 "상대방의 말을 왜곡하지 않고 있는 그대로 받아들이기 위해 빈 마음이 필요하다."라고 했다. 책에서는 또 "텅 빈 마음이란 아무것도 생각하지 말라는 뜻이 아니라 자신의 편견과 고집을 잠시 접어두라."라고 조언한다. 아이의 말을 듣기 위해 나의 편견과 고집을 잠시 접어두면 그때부터 아이 마음의 소리가 들리기 시작한다.

중2 아이의 말과 행동을 늘 마음에 두면 아이를 위한 길이 무엇인지 알 수 있다. 그것을 알지 못해 끙끙거렸던 자신 때문에 눈물이 흐를 것이고, 그로 인해 아파했을 아이 때문에 눈물이 흐를 것이다. 아이를 향해 자랑스럽다고 인정해주지 못한 그 순간 때문에 마음이 아플 수도 있다.

아이를 위해
얼마나 눈물을 흘리셨나요?

06

위로의 마법

중2 아이들의 자의식은 타의식에 의해 영향을 받는다. 자신의 존재를 확립하기 위한 혼돈 가운데에서 '나는 누구인가?'를 늘 고민한다. 자기를 게임 속 존재와 동일시하거나 친구와 동질의식을 가지기도 한다. 무엇보다 자기와 동일한 아픔과 생각을 가지고 있는 사람들에 대해 마음의 문을 빨리 연다.

아이들이 내게 붙여준 별명이 하나 있다. '중2 킬러'이다. 내 앞에만 오면 아이들이 온순해진다고 해서 붙여준 별명인데 왜 하필이면 킬러일까? 중2 아이들을 살리는 일을 하고 있는데…. 아이들 나름대로 멋지다고 지어준, 또 다른 나의 이름이다. 아이들을 이해하고 함께 말을 섞다 보니 자연스레 그들만의 리그를 이해하게 됐다. 아이들이 자신들을 이해해주는 또 한 사람으로 인식한다는 데에 포인트가 있다.

"선생님과 말하고 있으면 친구랑 말하는 것 같아요. 그런데 어떤 때는 아빠랑 말하는 것 같기도 하고, 어떤 때는 선생님이랑 말하는 것 같기도 하고 그래요."

"어. 그래. 내가 좀 다중인격자라 그런가봐."

중2 아이들과 허물없이 떠들고 이것저것 챙겨주다 보면 나의 아들, 딸 같이 느껴진다. 이런저런 대화를 하다가 아이들이 무의식중에 나를 "아빠"라고 부르고는 깜짝 놀라 다시 "선생님" 하고 고쳐 부른다.

한바탕 아이들과 웃고 떠든다. 다른 말을 할 필요가 없다. 가르치려 들 필요도 없다. 단지 내가 하는 말은 "그래. 아, 그랬구나.", "많이 힘들었겠다.", "나도 그런 적이 있어." 그저 들어주고 동의해주고 웃어준다. 가끔 "나도 그런 적이 있었는데 그때 이렇게 했던 것 같아."라고 한마디 해준다. 그렇지만 웃고 떠드는 시간이 훨씬 많다. 정말 필요한 순간에 한 방을 날리는 게 나의 주특기다. 아이들은 그 말 한마디를 그냥 가벼이 넘기지 않는다.

중2 아이들은 학생이기 전에 한 인격체라는 사실을 잊어서는 안 된다. 인권을 무시하고 교육을 한다는 것은 앞뒤가 뒤바뀐 상황이다. 인간다운 삶을 영위하기 위해서 열심히 공부하는 것인데 공부로 말미암아 아이들의 인간다운 삶이 무너져 내린다면 교육의 의미가 없다. 정작 학교에서는 인권이 중요하다고 가르치면서 교육 현장에서는 아이들의 인권은 보이지 않고 입시 위주의 경쟁만 보일 뿐이다. 그것도 모든 아이에게 동일하게 적용되는 것도 아니고 공부를 하겠다고 하는 아이들만 끌고 나간다. 나머지 아이들은 엎드려 잔다. 근본이 무시된 학습은 피폐한 인성과 사회를 만들어낼 뿐이다.

결국 이러한 문화는 일방적인 지식 전달과 기계적 받아들임이라는 메마른 교육현장을 낳게 되었다. 서로의 인격을 존중하는 것을 가르치는 교육들은 어디로 갔는지 보이지 않는다. 아이들은 숨을 쉴 수 없다. 각기 주어진 재능이 다름에도 불구하고 획일적인 틀 안에서 자신의 욕구와는 상관없는 방향으로 자신을 몰아가고 있다.

무엇보다도 가까이에 있는 부모들이 아이들의 목소리를 들어주어야 하는데 부모들은 너무 바쁘다. 아이들이 눈을 떠서 감을 때까지 보이지 않는 부모도 많다. 가족을 부양하기 위해 애쓰지만 여전히 부족하다. 100세 시대를 살아가고 있기에 노후도 준비해야 한다. 10명 중 9명의 부모가 노후에 자신의 안위를 자녀들에게만 의존할 수 없다는 생각을 한다. 사정이 이렇다 보니 정작 아이들에게 신경을 써야 함에도 불구하고 "먹고 사는 것만으로도 감사한 줄 알아라." 식의 이야기를 할 때가 있다. 중2 아이들도 엄마 아빠가 얼마나 바쁘게 살아가는지 알고 있다. 하지만 중요한 것은 표현의 방법이다.

'아 다르고 어 다르다.'라는 말이 있다. 자기가 잘못했음을 알고 있는데 계속해서 잘못을 지적하면 기분이 상한 아이는 오히려 자기 합리화를 하려고 든다. 엄마 아빠가 열심히 살아가는 모습을 아이들이 배우도록 유도하는 건 당연하지만 부모의 한마디 말실수로 모든 것을 헛수고로 만들 수도 있다. 가까운 사이일수록, 특히 가족일수록 서로의 마음을 함부로 다루어서는 안 된다.

중2 아이들에게 필요한 것은 위로다. 아이들은 학교에서 수업하랴 친구들과의 관계에서 뒤처지지 않기 위해 바쁘다. 부모님이 가라고 하는 학원에도 다녀야 한다. 학교에서 내준 숙제도 해야 하고 예습도 해야 한다. 해야 할 것들이 산더미다. 물론 하지 않으면 그만이다. 그냥 몸으로 때워도 된다. 하지만 무언가 좀 해보려고 하는 아이는 하루 일과가 장난이 아니다. 그런데 어쩌다가 시간이 남아서 TV나 스마트폰이라도 들여다보고 있을라치면 언제 오셨는지 부모님이 자신의 모습을 보고 한숨을 푹푹 내쉰다. 부모는 그 모습만 보고 한마디 안 할 수 없다. 아이가 공부도 안 하고 할 일도 안 하고 빈둥빈둥 놀고 있는 것처럼 보이기 때문이다. 기분 좋게 집에 들어왔다가도 거친 말이 나간다.

부모는 다짜고짜 소리를 지르며 보이는 결과에 대해서만 말할 게 아니라 원인과 동기에 대해서 아이에게 충분히 물어보아야 한다. 아이가 잘못한 것이라면 충분히 잘못한 것을 느끼고 있을 테니 단호한 어조로 아이에게 지침을 주자. 불호령이 떨어질 것이라 생각한 아이들은 부모의 반응에 의아해할 것이다. 훈계보다는 위로가 아이들을 효과적으로 변화시킨다. 마음을 알아주는 따스한 말 한마디가 아이에게 가져올 가치관의 변화는 마법과 같다. 용서를 받아본 사람이 용서를 베풀 수 있고, 위로를 받아본 사람이 다른 사람을 위로할 수 있다. 이것이 인간다움이 아닐까?

그래도 안 되겠으면
전문가를 찾아가라

부모가 자녀에 대해 모든 것을 다 알고 있다고 확신하지 말자. 부모는 인생의 경륜과 연륜으로 자기 확신이 가득하다. 사업에 성공도 하고 맘먹은 대로 안 되는 일도 별로 없다고 치자. 그런데 자식만큼은 생각처럼 쉽지 않은 게 현실이다. 사춘기 아이들은 더욱 그렇다. 어디로 튈지 모르는 럭비공 같은 존재다. 아니 오히려 럭비공이면 좋겠다. '열 길 물속은 알아도 한 길 사람의 속은 모른다.'는 속담이 있다. 아이들이 입을 다물어버리면 도저히 알 길이 없다. 몇 마디 한다 해도 진실인지 거짓인지 알 수 없다. 내면을 숨기려면 얼마든지 숨길 수 있는 나이가 된 것이다.

부모는 부모일 뿐이지 '심리 전문가'가 아니다. 사람에 대한 연구를 하고 마음과 영혼을 만지는 전문가가 아니라는 사실을 인정해야 한다.

심리상담 전문가들도 꺼려하는 아이들이 사춘기의 최고점을 찍고 있는 중2 아이들이다. 부모들은 몇 가지 사실을 내세워 자기가 아이를 올바르게 이끌 수 있다고 주장하곤 한다. 단지 TV나 대중매체에서 말하는 주워들은 단편적인 사실만 가지고 아이들을 올바르게 이끌 수 있다고 생각하는 것은 크나큰 오산이다.

어떤 것이 아이들을 올바르게 이끌까? 부모의 마음에 쏙 들게 아이들이 움직인다고 올바르다고 말할 수 있나? 중2 아이들의 마음을 들여다보면 깜짝 놀랄 것이다. 다수의 아이들이 얼마나 부모를 귀찮아하고 싫어하는지…. 단지 정도의 차이만 있을 뿐이다.

"초등학교 6학년 때까지만 해도 저 정도는 아니었어요. 정말 착한 아이였죠."

"도대체 내가 무얼 잘못했는지 모르겠어요. 자기가 해달라는 것 다 해주었는데…."

"꼭 나 보란 듯이 잘못된 말과 행동을 하고 다니는 것 같아요."

그놈의 죽일 체면문화

한국 사회에는 '체면문화'가 만연해 있다. 사회 전반적으로 잘 보여야만 살아남을 수 있다는 생각들이 공공연히 퍼져 있다. 조금이라도 이상한 것이 보이면 가차 없이 입방아에 오르내린다. 동네에서도 마찬가지다. 아이들이 ADHD 현상을 보이면, 왕따라는 사실이 알려지면, 자살을 시도했다는 사실이 퍼지면 집안 망신이라고 여기는 부모들을 여럿 보았다. 화목하고 행복한 가정이라고 소문이 나야 하는데 '그 집 아이가 일진

이더라.'라는 소문이 돌면 아이를 잡아먹을 듯이 대한다. 그런 부모들을 향해 힘주어 말하고 싶다.

"직접 해결할 자신이 없으면 전문가를 찾아가세요. 전문가는 두었다 국 끓여 먹으라고 있는 사람들이 아닙니다."

정신병원에 가기라도 하면 큰일 나는 것처럼 수선을 떤다. 심리상담 치료사를 만나 힘들고 긴 터널을 조금이라도 수월하게 지나갈 수 있다면, 아이의 마음을 조금이라도 이해하고 덜 아프게 할 수 있다면 당장 전문가를 찾는 편이 낫다. 감기에 걸리면 병원을 찾듯이 정신이 아프면 정신병원이나 심리상담 치료사를 찾아가는 것이다. 내 아이를 죽이는 것보다 차라리 입방아에 오르는 게 낫지 않은가. 정신이, 마음이 아픈 상태로 굳어지면 끝장이다. 나만 죽는 것이 아니라 다른 사람까지 죽게 만들기 때문이다.

사춘기 아이를 위해 부모가 해줄 수 있는 일

부모는 중2 아이들이 덜 방황하고 덜 힘들게 사춘기를 보내는 방법을 미리미리 준비해야 한다. 먹이고 입히는 것은 본능적인 것이라 알아서 찾아 먹고 입는다. 더 중요한 것은 인성적인 부분이다. 아이의 기본적인 성품에 가장 큰 영향력을 발휘하는 부모가 마음, 말, 행동의 일치로 모범을 보여주어야 한다.

그리고 책을 읽히자. 퍼스널 미디어의 발전으로 인해 아이들이 책을 멀리한다. 스마트폰만 들여다보고 있다. 물론 책의 중요성을 알아 독서를 시키는 부모들이 있다. 부모의 의지만 있다면 충분히 아이들에게 책을 읽힐 수 있다. 스스로 깨달아 알 수 있도록 만들어주어야 한다. 책은 생각의 성숙을 돕는다. 무엇을 읽혀야 할지 모르겠다면 당장 인터넷을 켜고 독서 전문가의 조언을 찾아보자.

하지만 대부분의 부모는 초등학교 6학년이 지나고 중학교에 입학만 하면 독서보다도 학교 공부에 집중시킨다. 성적 향상에만 집중해 아이들을 학원으로 돌리는 부모들이 있다. 지금 당장 아이들의 뒤를 밟아 학원을 가보라. 학원은 또 다른 놀이터다. 진짜 공부하는 아이도 있지만 대부분은 제사보다 떡밥에 더 관심이 많다. 부모들의 마음을 조금 더 들어가보면, 공부도 시켜야 하고 아이들을 돌볼 누군가가 필요하기에 학원을 선택하지는 않았나?

소위 말하는 가방끈이 좀 길다는 부모들이 자기가 해온 방법대로 아이들을 지도하는 모습을 종종 본다. 왜냐하면 본인은 그렇게 해서 지금 '성공하는 삶'을 살고 있기 때문이다. 시대의 흐름을 읽어가며 아이들을 지도하는, 잘하고 있는 부모도 있다. 그런데 많은 부모들이 시대의 흐름을 간과한다.

사춘기 아이를 이끌기란
생각만큼 쉽지 않다.

Chapter 07

"사춘기,
두려움 없는 도전이
가능한 때"

01

방임이 아닌
계획적인 던져짐

우리는 세상에 자신의 의지와 상관없이 던져진 존재다. 태어나고 싶어서 태어난 사람은 아무도 없다. 중2 아이들도 마찬가지다. 적응하고 살아가려 하면 이것저것 부딪히는 것이 많이 있다. 가장 가까이에서 오는 저항은 부모의 참견이다. 마음대로 할 수 없다. 신기해서 만져보려 하면 위험하다고 안 된다고만 한다. 이 길로 가려 하면 그 길은 지름길이 아니니 가지 말라 한다. 아이들을 미치게 하는 것은 자신을 자유롭지 못하게 하는 주위의 수많은 편견이다.

내가 만난 모든 중2 아이들은 하나같이 자유롭고 싶다고 소리친다. 실컷 자고 놀고 먹고 즐기고 싶단다. 하지만 환경이 그렇게 두지 않는다. 매일같이 하고 싶은 것을 할 수 없다는 것을 잘 알고 있다. 주변에서는 안 된다고만 한다. 정확한 길을 몰라 방황하고 있으면 길을 알려주지는 못할망정 그 길은 잘못된 것이라고 비아냥거리기 일쑤다. 걱정 어린 마음으로 이야기를 해주어도 그들 귀에는 들리지 않는다. 그저 자신들의 서러움만 가득 차 있을 뿐이다.

방임은 직무유기다

이제는 부모도 포기한다. "그래. 네가 해보고 싶은 대로 한번 해봐. 그 다음은 책임지지 않는다." 역시나 아이는 이전과 전혀 다를 바가 없는 모습을 보여준다. 책을 보는 것도 아니고 오로지 스마트폰을 들여다보고 있지 않으면 TV나 컴퓨터 앞에 매달려 있다. 며칠을 더 기다려 봐도 여전한 모습이다. 조바심이 나지 않을 수 없다. '조금 있으면 시험인데 저러고 있나?' 하는 생각에 열불이 올라온다고 부모들이 입을 모아 말한다.

"조금만 더 기다려보시죠. 저 나이 때 아이들은 조금 느려요. 특히 중2 아이들은 자기가 무엇을 원하고 있는지도 몰라요. 어머니의 사춘기 시절을 한번 생각해보세요."

실컷 여유를 부리고 이제는 정말 무엇을 해야 할지 모르는 시기가 찾아온다. 참지 못한 부모가 자기에게 와서 이래라 저래라 잔소리할 때가 된 것 같은데 전혀 그럴 기미가 보이지 않으면 아이들은 오히려 불안해한다. 이쯤 되면 자연스럽지는 못하지만 쑥스러워하며 부모님에게 물어오는 친구들도 있다. 그래도 그 친구들은 그나마 나은 편이다. 끝내는 가까이 있는 부모를 찾아가는 것이 아니라 그냥 일탈해버린다. 생각나는 것은 친구인데 찾아간 친구도 별다른 대안을 가지고 있지 않다. 그나마 건전한 생각을 가지고 있는 친구라면 다행이지만 그렇지 않을 경우 친구 따라 강남 간다고 한참 시간을 낭비하는 일이 벌어지기도 한다.

중2 아이들은 감정 기복이 심하다. 아무렇지도 않은 일에 우울해하고 갑자기 울기도 한다. 자기가 이 세상에 그냥 던져진 존재라고 인식하는 순간 삶의 의미를 잃어버리고 만다. 극단적 쾌락주의자들을 보면 이원론적인 인식으로 무장하고 있다. 생각의 깊이가 깊지 않고 경험 또한 미천해서 계산을 하거나 손익을 분간하지 못한다. 그저 자기 감정에 따라서만 움직일 뿐이다. 정도의 차이가 있을 뿐이지 어른도 자신의 기쁨과 유익을 위해서 움직이지 않는가? 중2 아이들은 자신들이 처해 있는 상황에 맞추어 충실히 움직일 따름이다.

인간은 조금 더 나은 세상을 위해 끊임없이 움직여왔다. 좀 더 솔직하게 말하면 자신들의 필요를 채우고 불편한 것들을 극복하기 위해, 즉 자신들의 욕구를 채우기 위해 움직였다. 결국 소수든 다수든 자신들의 이익을 위해 항쟁해왔다. 지금 사춘기 아이들은 자신들의 이익을 위해서 항쟁하고 있다. 어떤 친구들은 과격하고 급진적으로, 어떤 친구들은 조금 더 건전하고 과하지 않게 표출할 뿐이다. 그들의 욕구를 알아주지 못하는 것 또한 방임이다. 아이들을 보살피고 필요를 채워주는 일에 대해서 최선을 다하지 않는다면 중2 아이들은 방종하며 세상을 향해 냉소를 던질 것이다. 그리고 자기들이 제일 잘할 수 있는 무시무시한 일들을 저지르고 말 것이다.

부모 세대들은 자신들도 같은 시기를 거쳐 왔는데도 그저 걱정만 하고 있다. 사춘기 아이들을 조금 더 건전하고 온화하게 키워보겠다고, 삐딱한 길을 가도록 내버려두지 않겠다고 다짐하지만 마음처럼 되지 않는 것이 현실이다. 무엇보다도 상대적으로 '자기 스타일'대로 키워보겠노라고 하는 부모가 많아서 문제다.

계획적인 던짐이 필요하다

이제는 무차별적인 던짐을 그치자. 아이를 향해 거침없는 말을 던지고 싶은가? 그럼 계획을 세우자. 이유를 찾아보고 그것이 타당한 것인지 먼저 생각해보는 것이다. 백 퍼센트 장담하는데 그 계획대로 되지 않는다. 그럼에도 불구하고 계획은 필요하다. 다이어리를 꺼내서 하고 싶은 말을 적어보고 아이를 몰고 갈 방향을 적어보자. 이 작은 실천만으로도 부모는 절대 자녀교육에 실패하지 않을 것이다.

사춘기 아이를 둔 부모와 상담을 한 적이 있다. 몇 번이고 한숨을 쉬더니 아이가 철이 너무 없다며 입을 열었다. 역시나 중2 남학생이었다. 덩치는 소만 한데 아직도 부모가 보기에는 어린아이 같단다. 친구들과의 대인관계는 좋은데 그렇다고 좋은 쪽으로만 발전해 있지는 않다고, 아이 때문에 학교 선생님과 상담도 많이 했는데 여전히 변화가 없다고 하소연이었다.

"어머니, 그럼 극약처방 한번 받아보실래요?"

"그게 뭔데요? 극약이 아니라 독약이라도 한번 해볼게요."

"아이를 세상 가운데 던져버리세요."

"네? 던져요? 그게 무슨 말씀이세요?"

"아이 홀로 뭔가를 할 수 있도록 해보는 거예요. 가만히 보니까 어머니께서 하나부터 열까지 모두 챙겨주시는 것 같은데요. 이젠 아이가 스스로 움직여볼 수 있도록 해보는 겁니다. 좀 돈이 들기는 하지만 배낭여행을 보내보세요."

"나이가 너무 어린데 어떻게 그렇게 해요?"

스스로 깨닫지 못하면 변화는 일어나지 않는다. 결국 중2 남자아이는 배낭여행 동호회 사람들과 섞여서 배낭여행을 떠났다. 아이는 여행을 통해 가슴에 무언가 말로 표현할 수 없는 것을 느꼈다고 한다. 인간보다 더 큰 자연을 보고 그와 동시에 자기 자신 안에 있던 또 다른 자신을 발견했을 것이다. 일평생 절대 잊지 못할 것이고 두고두고 사람들에게 자신의 영웅담을 들려줄 것이다.

아이는 여전히 친구들과 몰려다니는 것을 좋아하고 공부도 별 발전을 보이지 않지만 크게 달라진 점이 있다고 한다. 스스로 결정하고 무엇인가를 해내겠다는 돌파력과 함께 생각할 줄 알게 되었단다. 몸을 움직여 체득한 것은 절대 잊을 수가 없다. 자기 자신을 돌아보아야 하는 순간에 반드시 그때의 느낌을 떠올려 새로운 힘을 불어넣을 수 있을 것이다.

부모의 계획적인 던짐이 아이를 자라게 했다. 인격이 자랐고 생각이 자랐다. 자신이 생각하는 세상보다 더 큰 세상이 있음을 알게 된 것이다. 인간이란 자신이 겪고 보아온 세상만큼 살아가는 존재다. 감수성과 지성이 급격히 발전하는 시기에 더 큰 세상을 경험하게 하는 일은 부모가 해야 할 일 중 하나다. 부모의 어깨를 밟고 더 큰 세상을 볼 수 있게 해주어야 할 것이다. 조금 힘에 부치고 무거울지 모르지만 그렇게 보여준 세상에서 성숙한 인간으로 자라난 사람은 또 다른 누군가를 위해 어깨를 내어줄 든든하고 훌륭한 인격체를 지닌 존재가 될 것이다.

　세상을 이끄는 대단한 리더들은 가슴으로 느끼는 삶을 살아온 사람들이다. 가난함에 처할 줄도 알고 부함에 처할 줄도 알고 낮은 자리에서도 높은 자리에서도 잘 어울릴 만한 그런 사람은 어느 누구도 함부로 할 수 없는 사람이 된다.

드넓은 세상에 아이를
계획적으로 던져보자.

02

"네 말이 맞아!"

부모가 중2 아이와 제일 먼저 부닥치는 것은 '말'이다. 여기서부터 감정이 드러나게 되고 서로 신경전이 벌어진다. 가까운 사람일수록 편하게 이야기한다는 것이 문제다. 나이가 어릴수록 더욱 그렇다. 거기에 가족이니까 이해하겠거니 하고 함부로 말하고 화풀이를 할 때가 있다. 앞뒤 다 빼먹고 본론만 말한다. 신이 아닌 이상 누가 그 말의 뜻을 알아들을까? 부모의 경우 이런 증상은 더욱 심하다.

아이들은 기다리고 있다

내가 만난 중2 아이들은 엄마 아빠가 하는 말을 도저히 알아들을 수 없다고 하소연했다. 부모의 일방적인 요구에 마음을 열지 않다 보니 소리는 들려도 뜻은 들리지 않는 것이다. 아이를 대하기 전에 몇 가지 생각을 바꾸고 대화를 시작하자.

첫째, 모든 상황을 나 중심이 아닌 아이 중심으로 생각해보자.

둘째, 아이와 나는 열 손가락, 열 발가락 모두 다르게 생겼다.

셋째, 한 이불 속에서 몇 십년을 같이 살아도 생각이 같지 않다.

넷째, 싸우면서 닮아간다.

이 정도의 기본적인 생각을 가지고 아이를 대한다면 많은 부분의 갈등을 피해갈 수 있다. 처음부터 대립적인 생각을 가지고 시작하면 어느 누구도 달가워하지 않는다. 싸우자고 덤비는 꼴이 되고 만다. 무엇보다 소중한 자녀와 싸울 일이 무엇이 있겠는가? 중2 아이들이 사람을 뒤로 넘어가게 하는 재능을 가지고 있기는 하다. 그렇다고 거기에 휘말리면 어른이 아니다.

아이와 대립되는 부분이 있지만 모든 일에서 다 그런 것은 아니다. 중2 아이들은 대부분 TV채널 선택 권한을 자신이 갖고 싶어 한다. 자기들이 좋아하는 드라마나 아이돌을 보기 위해 리모콘을 꿰차고 있다. 물론 부모가 보고 싶어하는 드라마도 있지만 그 옆에 앉아서 같이 드라마를 보면 공감대가 점차적으로 생긴다.

"제는 왜 그러는 거야? 왜 저렇게⋯."

"엄마, 그건 말이야. 원래는 지금 저 여자의 남자친구가 아니고 조금 전에 나온 그 여자의 남자친구였어. 그런데 저 여자가 빼앗은 거야."

"힐러는 왜 힐러라고 하는 건데?"

"엄마, 나중에 이야기해줄게. 지금은 중요한 순간이니까 그냥 봐."

"힐러 좀 멋진 것 같은데?"

"엄마, 좀이 아니지. 엄청 멋있지."

자기들이 좋아하는 것에 약간만 관심을 가져주면 신나한다. 자신의 생각과 일치하는 부분을 발견하면 특히 좋아한다. 좋은 감정이 한두 번 쌓이다 보면 공통된 관심사가 생긴다. 여기서부터 이제 전략적인 접근이 필요하다. 작은 것에서부터 일치하는 부분을 찾아내고 서로의 생각과 감정을 일치시키는 작업에 착수하는 것이다.

아이에게 억지로 부모의 가치관을 심어주려 하다 보면 부작용들이 생긴다. 아이 또한 드라마의 주인공처럼 멋지게 살고 싶어한다. 단지 표현이 다를 뿐이지 근본적으로 추구하는 삶의 목적은 부모와 다를 바가 없다. 목적이 다른 것이 아니라 단지 방법의 차이가 있다는 사실을 끊임없이 알려주어야 한다.

한 번 이야기해서는 아이가 알아들을 수 없다. 아이의 관심사는 부모의 관심사와 다르다. 관심이 없는 것에 아이는 마음을 열려 하지 않는다. 그렇기에 흥미를 갖게끔 다양한 방법으로 알려주어야 한다. TV를 보면서도, 맛있는 음식을 먹으면서도, 최신 음악을 들으면서도 너와 나는 동일한 목적을 향해 가고 있다는 사실을 알려주자.

중2 하면 떠오르는 말들이 있다. "싫어요, 안 돼요, 내버려두세요, 몰라요, 그냥요."라는 단어들이다. 아이들은 왠지 모를 반항으로 가득 차 있다. 이들에게서 동의를 얻어내기란 쉽지 않다. 억지로 무엇인가를 강요하거나 주입하려 하면 스프링이 튕겨나가듯이 어디론가 날아가버리고 만다.

아주 방법이 없는 것은 아니다. 중2 아이들의 친구가 되어주면 간단하다. 친구 같은 아빠 엄마가 되어주면 되는데 말이 쉽지 결코 만만하지 않다. 내가 주로 사용하는 방법 중 하나인데 아이가 나의 말에 동의하게 하는 것이다.

"연예인들처럼 예쁘면 좋겠지?" "네. 정말 좋을 것 같아요."

"방학동안 실컷 먹고 자고 놀면 좋겠지?" "네. 그럼 정말 좋죠."

"근데, 좀 돼지 같은 느낌도 든다. 그치?" "네. 좀 그렇긴 하네요."

"누구는 배부른 돼지보다 배고픈 소크라테스가 되겠다고 하던데 방학 동안 책 한 권 독파하는 건 어때?" "네. 뭐 한 권쯤이야."

책이라면 혀를 내두르는 아이가 방학 동안 책을 한 권 읽겠다는 말에 동의를 한다. 어떤 분위기에서 어떻게 말하느냐가 중요하다. 강압적인 분위기에서는 동의가 이루어지기 힘들다.

내가 아는 한 교수님은 학생들을 가르치면서 문장의 마지막에 습관처럼 "그렇지요?"라고 동의를 구한다. 세어보지는 않았지만 아마도 수업할 때 말하는 문장의 절반은 "그렇지요?"가 붙지 않을까 싶다. '내가 가르치는 내용에 대해 너희도 동의하지?'라고 암묵적으로 묻는 것이다. 동의는 다른 사람을 나의 말과 생각에, 더 나아가서 나의 가치관에 합류하도록 만드는 힘을 가지고 있다.

그러기 위해서 먼저 해야 할 일이 있는데 중2 아이들의 말, 즉 마음에 대해서 동의를 해주어야 한다. 자신들이 마음에 담고 있는 이야기에 대해서 부모가 동의하고 있다고 느끼면 자연히 부모의 가치관과 하나가 될 수밖에 없다. 문제는 부모들이 중2 아이들의 마음을 알려고 하지 않는다는 데에 있다.

부정적이고 강압적인 분위기에서는 합리적인 아이디어가 나오지 않는다. 그런 분위기에서는 어떤 무엇도 마음에 들지 않고 경계하며 망설이게 된다. 반대로 긍정적이고 화기애애한 분위기 속에서는 너그러워지고 무엇이든 해볼 만하다는 생각을 갖게 된다.

무엇이든지 함께하면 할 수 있을 것 같은 기대감을 만들어낸다. 이런 분위기에서는 쉽게 중2 아이의 동의를 얻어낼 수 있다. 아이는 스스로 한 말이기에 지키려 노력한다. 단번에 나아질 수는 없다. 그런 기대는 일찌감치 버리는 것이 좋다. 조금 더 시간을 주고 아이가 나아질 수 있도록 격려하자.

"그래, 네 말에, 네 감정에, 네 기분에 나도 동의해." 부모들이 그렇게 말해주기를 아이들은 기다리고 있다. 아이들은 부모에게 공감해준다. 대놓고 자기의 감정을 드러낼 수도 있지만 대부분의 아이들은 내면의 변화를 표면으로 내보이기 쑥스러워한다. 가족에게 표현하기가 민망하다고 생각하는 것이다. 중요한 것은 부모가 아이의 말에 동의해주면 분명히 변화가 일어난다는 것이다. 부모가 인생의 적대자가 아닌 지지자가 되는 것, 이보다 더 큰 수확은 없을 것이다.

나는 아침이면 이제 막 사춘기에 접어든 아들의 방에 들어가 이불 속에 함께 눕는다. 그러고는 귓불을 만져보기도 하고 뺨을 쓰다듬기도 하고 안아주기도 한다. 괜시리 눈물이 나기도 한다. 내 삶의 일부이며 핏줄이라는 생각이 들기 때문이다. 나의 소유는 아니지만 내 몸에서 나온 존재이기에 한없이 소중하다.

문제는 잘못된 사랑 표출이다. 아이에 대한 사랑이 너무 크다 보니 내 아이가 지는 것을 참을 수 없어한다. 아이가 중2쯤 되면 아이에 대한 부모의 사랑이 다르게 표출되는 것을 안다. 조금만 조절하면 아이도 부모도 스트레스 받지 않고 정상궤도에 오를 수 있다.

03

성숙의 계기,
미래 자서전

「인생은 미완성」이라는 노래 가사를 보면 '쓰다가 마는 편지'라는 구절이 있다. 인생을 노래할 때 이보다 더 적절한 표현이 있을까. 그만큼 만족할 만한 삶을 산다는 것은 쉽지 않은 일이다. 그런데 중2 아이들은 그 사실을 아직 전혀 모른다. 부모의 보호 아래 전혀 아쉬울 것이 없는 삶을 살고 있기에 시간의 소중함을 깨닫지 못한다.

부모들은 이 세상을 살아가기가 만만치 않음을 알고 있다. 때로는 마음에 들지 않는 일도 가족을 위해 서슴없이 한다. 살다 보니 허리를 바짝 숙여야 할 때도 있다. 비굴한 감정이 마음에 한가득 몰려오지만 사랑하는 가족을 위해 그것까지도 참는다. 그러고는 마음속으로 다짐한다. '내 아이에게만큼은 이런 삶을 살지 않도록 하겠노라.' 하고 말이다. 자식이 평안한 삶을 살 수 있게 부모들은 마음을 단단히 먹는다. 그런데 아이들은 그 마음을 몰라준다. 그런 모습을 볼 때면 참으로 답답하다.

미래를 알면 얼마나 좋을까? 모르긴 몰라도 누구나 한 번쯤은 그런 생각을 해보았을 것이다. 미래를 안다면 좋지 않은 일에 대비하고 원하는 방향으로 이끌어갈 수도 있을 것이다. 아쉽게도 인간은 예측할 수 없는 미래를 대비하며 살아갈 수밖에 없는 미약한 존재다.

미래 자서전 쓰기

미래를 완벽하게 통제할 수는 없지만 어느 정도 구체화시킬 수는 있다. 구체적인 계획은 구체적인 결과를 가져온다. 반대로 불투명한 생각은 그저 상상으로 그칠 뿐이지 아무런 결과도 가져오지 않는다. 생각을 구체화시키는 것은 글이다. 자신의 미래에 대해 글로 적고 세부적인 생각들을 붙여나가는 방식으로 진행한다.

중2 아이들과 자신들의 미래를 구체적으로 작성하는 시간을 가졌다. 위인들의 자서전을 읽고 분석하고 이와 비교해서 자신의 인생 연대기를 작성하도록 했다. 일명 '미래 자서전 쓰기'를 시도했다.

미래 자서전 쓰기는 단지 종이 몇 장에 칸을 나누고 언제 무엇을 하는지 적는 것이 아니라 1년 정도의 커리큘럼을 가지고 책을 읽고 분석한다. 말 그대로 자신의 '미래 자서전'을 쓰는 것이다. 상당한 시간이 걸리는 작업이다.

아이들은 자신들의 어릴 적 사진을 꺼내서 부모님께 물어본다. 태몽은 있었는지, 언제 태어났고 태어난 당시의 사회적 상황은 어땠는지, 크면서 기억에 남는 사건들은 없었는지 묻는다. 기억이 안 나는 부분은 부모님께 좀 더 자세하게 그때의 상황을 설명해 달라고 한다. 자연스럽게 그 당시의 상황을 들으면서 웃기도 하고 울기도 하며 서로의 마음을 이해하는 시간을 갖는다. 그렇다면 나머지 인생은 어떻게 쓰게 될까? 여기서부터는 순전히 아이들 자신의 구체적인 계획들이 반영된다. 허무맹랑할 것 같지만 사춘기 아이들은 제법 진지하다. 위인전 분석을 통해 자신들의 연대기를 작성하고 거기에 살을 붙인다.

고등학교는 어디를 가고 대학은 어딜 가고, 이렇게 학교를 가기 위해서 해야 하는 공부의 양은 어떠한지, 공부할 당시의 마음은 어떤지 세밀하게 기록한다. 책이나 인터넷을 참고해 자료를 찾는다 . 서울대나 외국의 UCLA를 가려면 어떻게 가야 할지 대학에 들어간 선배들의 수기를 읽기도 한다. 직장에도 들어가고 직장에서 어떤 일들을 겪는지도 자세히 쓴다. 사랑하는 사람을 만나는 부분에서는 아이들이 신나한다. 벌써 연애라도 하듯이 말이다. 프로포즈를 받고 결혼도 하고 아이도 낳는다. 아이를 키울 때의 심정도 기록한다. 자신이 낳은 아이의 사춘기를 다룰 때면 자신의 이야기를 쓰거나 아니면 지금 자신의 모습과는 완전히 다른 이야기를 쓰기도 한다. 나이가 들어가며 성취의 순간, 실패의 순간을 느끼기도 한다. 살아가며 희로애락을 겪는 모습들이 제법 미래 자서전에 드러난다.

미래 자서전 쓰기에 동참한 아이들 중에 꽤나 부모 속을 썩이는 남자아이가 있었다. 그런데 50대를 쓰는 도중에 아이가 뛰쳐나갔다. 무슨 일인가 싶어 따라 나가봤는데 눈물을 닦고 있는 것이 아닌가. 그냥 돌아서서 들어왔다. 그리고 아이가 쓰던 부분을 읽어보았는데 역시나 부모님이 돌아가시는 부분이었다. 대부분의 아이들이 부모님이 돌아가신다는 생각을 하지 않는다. 언제까지나 영원히 자신을 보호해주고 잔소리하고 그럴 것이라 생각한다. 그러다 미래 자서전을 쓰다가 깨닫는다. 부모님이 돌아가실 때 "살아계실 때 좀 더 잘할 것을…." 하고 후회한다. 글을 쓰고 나서 토론할 때 아이들은 입을 모아 부모의 죽음 부분을 적을 때 마음이 아팠다고 말한다. 인간은 누구나 죽는다. 조금 더 쓰다 보면 아버지, 어머니, 손위 형제들도 죽고 그 후에 자신도 죽게 된다. 본인의 유서를 쓰는 순간에도 아이들이 많이 운다. 마치 자신이 그 인생을 모두 산 것마냥 가상의 자녀들에게 유서를 남긴다. 구구절절 자신이 살아온 삶을 압축해서 쓴 글들이 마음을 울린다. 마냥 철없는 아이인 줄 알았는데 어느덧 쑥 자란 느낌을 받는다.

한 권의 미래 자서전이 나오기 위해서 뼈대를 세우고 살을 붙이는 작업을 반복한다. 그러면 아이들의 인생은 구체화된 하나의 글로 남게 된다. 물론 미래 자서전대로 살아갈 수는 없다. 인생은 수많은 변수를 가지고 있다. 하지만 미래 자서전은 적어도 인생을 아무렇게나 흘러가는 대로 살 수만은 없다는 걸 깨닫는 계기가 된다. 무엇보다도 인생을 한 번도 생각해본 적이 없는 사람보다 의연하게 인생을 살지 않을까 기대해본다. 그 아이들이 힘들고 어려울 때마다 자기가 쓴 미래 자서전이 힘이 되어줄 것이다.

'썩어도 준치'라는 말이 있다. 아이들에게 큰 꿈을 가지고 미친 듯이 달려보자고 말한다. 무차별적인 노력이 아니라 구체적인 계획을 세우고 실행에 옮기는 데에 최선을 다하자고 힘주어 말한다. 아무런 액션이 없는 계획은 단지 상상에 불과하다. 아이들뿐만이 아니다. 부모들도 마찬가지다. 생각만 하고 있으면 어느 누구도 도와주지 않는다. 두드려야 문이 열린다. 앉아만 있어서는 아무런 일도 일어나지 않는다. 일어서서 움직여야 한다. 인생이 한 번뿐이라는 것을 깨닫는 아이는 절대 허무하게 하루를 보내지 않을 것이다. 학교에 가서 수업 시작하면 잠드는 인생이 아니라 보다 나은 미래를 위해 눈을 번뜩이며 최선을 다하는 인생을 살아갈 것이다.

부모의 신뢰와 지지를 얻은 아이는
결코 무너지지 않는다.

04

홀로 가보면 혼자 가는
두려움을 안다

"왜 안 돼? 나 친구랑 놀러 갈 거란 말야. 빨리 돈 줘."

"지금 엄마 돈 없어."

"돈이 없기는…. 빨리 달란 말이야."

"없다니까!"

엄마는 그렇게 말하고 휙 나가버렸다. 징징거리며 돈 달라고 큰소리로 말하던 중2 여자아이는 갑자기 소리를 빽 지르고 난리가 났다. 친구도 같이 있었는데 욕을 해대며 의자를 걷어찼다. 상황이 심상치 않아 밖에서 상황을 지켜봤다. 여자아이의 엄마는 분명 아이가 광분하는 소리를 들었다.

"어머니, 그냥 내버려두시게요?"

"지가 어떻게 하겠어요?"

"아니요. 아이가 하는 소리요."

"그럼 어떻게 합니까? 제 풀에 꺾이겠지요."

사춘기 부모들이 겪는 문제의 대부분은 사전 조치를 하지 않은 데서 일어난다. 아이가 처음부터 이렇게 심하게 반응한 것은 아니다. 부모 앞에서 자신의 심기가 불편한 것을 드러냈는데 별 이상없이 넘어간다. 한두 번 이런 일들이 반복되면서 자기 멋대로 말하고 행동하는 강도가 세진다. 부모는 그냥 저러다 말겠지 하고 대수롭지 않게 생각한다. 자신만 참으면 온 집안이 평화롭다는 생각에 아이의 잘못된 언행을 간과해버리고 만다. 그렇게 자란 아이가 부모에게 소리치는 사람이 되고 자칫 패륜까지 저지르는 인간 이하의 사람이 되지는 않을까.

성적보다 인성

인성을 가르치는 시기를 놓치면 결국 가정으로, 사회로 그 폐단이 고스란히 돌아온다. 인간은 가족을 통해서 사람과 사람 사이의 관계를 배운다. 사회의 가장 작은 단위인 가정에서 기초적인 것을 배우지 못한다면 더 큰 사회로 나가서도 한 구성원으로서의 역할을 감당할 수 없다. 결국은 왕따가 되고 자기 안에 있는 화를 이기지 못해 자살하거나 사회에 해악을 끼치는 존재가 된다.

자기 마음대로 할 수 있는 세상은 없다. 내 맘대로 사는 것 같지만 결국 누군가에게 영향을 주고 또 받는다. 사춘기를 겪고 있는 아이들에게 그것을 가르쳐주는 것이 부모다. 무엇이 옳고 그른 것인지 인지가 시작되는 시점부터 아이에게 가르쳐야 한다. 누구에게든 아이의 문제가 보일 때는 이미 늦었다고 해도 과언이 아니다.

유아기 아이는 전능감을 느낀다. 아이가 필요한 반응을 보일 때 엄마가 그 모든 필요를 채운다. 배고픔을 표현할 때, 대소변을 배출했을 때, 아플 때 등등 언제든 불편할 때 이를 표현한다. 시간이 지나면서 전능감은 점차 사라지고 본인이 손수 욕구를 해결하는 빈도가 늘어난다. 어느덧 부모와 비슷한 사고를 할 수 있는 시점이 되면 거의 대부분의 일을 스스로 해소한다.

중2가 되면 상당 부분 자유롭다. 단 돈을 버는 일만 빼고 말이다. 친구들도 많아지고 쓰는 돈의 액수도 커진다. 때로는 자신의 필요를 위해 해서는 안 될 짓을 하는 아이들을 보게 된다. 통제에 대한 교육이 안 된 아이들은 여지없이 일탈한다. 그릇된 말과 행동을 할 때 단호히 지적하고 고쳐주어야 한다. 아이들을 그대로 방치하는 것이야 말로 또 다른 '학대'이다.

정당한 지적이 사라지고 정의가 사라져버린 시대가 되고 말았다. 이것은 분명 이 시대를 살아가고 있는 부모들의 잘못이다. 나약해진 아이들은 그 나약함을 숨기기 위해 자기를 과대 포장한다. 폭력 등 상상할 수 없는 괴이한 모습으로 드러낸다.

마음 길

오히려 아이에게 부족함 없이 채워준 것이 독이 되고 말았다. 자기 자신이 요구하면 요구하는 대로 채워질 것이라는 유아기적 전능감에서 벗어나지 못하고 있다. 어른 아이처럼 정신적 장애 요소로 드러날 가능성이 있다. 싫은 것도 할 수 있어야 하며 거부감이 있는 사람과도 잘 어울릴 수 있어야 한다. 무조건적으로 타인의 의견에 동의해서는 안 되지만 건전한 비평과 판단력으로 사회의 일원으로 살아갈 지혜를 터득해야 한다. 무엇보다 마음의 길을 잃지 않기 위해 부단히 단련해야 한다. 아이들에게는 홀로 가보는 연습이 필요하다.

육체에만 근육이 있는 것이 아니다. 마음에도 근육이 있다. 한쪽만 사용하면 한쪽 근육만 발달하기 마련이다. 마음 또한 쓰기 나름이다. 마음을 어디에 쓰느냐에 따라 발달한다. 특히 중2 아이들은 마음이 급속도로 커가는 길목에 있다. 부모는 아이가 올바른 마음 길을 찾아갈 수 있도록 도와주는 네비게이션 역할을 해야 한다. 사춘기의 아이들이 일어섰다면 길을 가는 법을 가르쳐주고 그 길을 가보도록 한다. 자꾸 그 길을 다니다 보면 길이 눈에 들어오고 그렇게 익숙해지다 보면 네비게이션도 끄게 된다.

부모는 아이가 올바른 길을 갈 수 있는 판단력을 갖도록 도와주어야 한다. 인간답게 사는 방법들을 익히고 자꾸 가다 보면 부모 없이도 길을 가게 된다. 길을 가다 보면 곧은 길만 있지 않다. 장애물도 있고 요철도 있어서 덜컹거린다. 나만 잘 간다고 해서 별탈없이 가는 것은 아니다. 운전대를 똑바로 잡고 정신을 집중하여 내가 목표로 한 지점을 향해 정확한 정보를 가지고 가야 한다. 아이 양육도 이와 같다. 빠르고 안전하게 가는 것도 좋지만 올바른 방향이 아니라면 그 무엇도 소용이 없다.

방황하는 중2 아이들에게 부모들이 강도를 조절해가며 가야 할 길을 안내해주어야 한다. 한 가지만은 하지 말자. 중2 아이들을 포기하는 일은 절대 안 된다. 아이들은 마음의 근육을 키우기도 전에 힘없이 허물어지고 말 것이다.

부모가 보여주는 열정, 자기희생, 절제야말로
사춘기 아이에게 줄 수 있는 효과 있는 가르침이다.

05

눈 딱 감고 뛰어

자신의 모든 부분 하나하나가 달라지고 있는 현상에 대해 중2 아이들은 사춘기니까 그럴 수밖에 없다고 단정 짓는다. 친구들이 그러니까 그냥 그 모습에 자신을 대입한다. 자동적으로 친구의 아픔에 감정이입이 된다. 자신들이 무엇을 하는지조차 알지 못한 상태에서 감정의 지배를 받는다. 한마디로 말해, 타 죽을지도 모르고 밝은 빛을 향해 달려드는 불나방 신세다. 생각나는 대로 말하고 상대의 기분에 대해서는 조금도 아랑곳하지 않는다. 자신의 몸이 커지듯 생각도 커졌다고 생각해서인지 누군가가 자신의 생각을 무시하면 물불을 가리지 않고 덤벼든다. 무조건 자기와 좀 다르다는 생각이 들면 욕부터 하고 본다. 이런 병적인 아이들을 대할 때마다 불덩어리가 치밀어 오른다. 부모는 이런 모습을 상상조

차 못한다. 왜냐하면 내 아이는 그러지 않을 것이라 생각했기 때문이다. 다른 아이들이 다 그렇다 하더라도 자신의 아이는 그러지 않을 것이라고 착각했던 것이다.

진실과 거짓

인간은 거짓말을 한다. 사춘기 아이들은 더욱 그렇다. '허세'라는 것을 통해서 자신의 위대함을 드러내려고 하는 것이 중2 아이들의 대표적인 특징이다. 더욱 위험한 것은 허세가 진실인 양 살아가는 것이다. 이는 히스테리성 성격장애의 한 유형으로 리플리증후군이라고 부르는데 자신이 원하는 세계를 이루지 못할 경우 거짓의 세계를 만들어 거기에서 욕구를 채우는 것이다. 즉, 자신이 원하는 세상을 실제로 인식해 현실을 부정하며 계속 거짓을 만들고 행동으로 옮긴다. 단지 사춘기인 아이들이 자기를 드러내고자 하는 단순한 동기에 의한 것이라면 정말 다행이지만 그렇지 못할 경우라면 정신과 치료를 받아야 한다.

지인이 찾아와 아들 이야기를 했다. 요즘 따라 자기 세상에 빠져있는 것 같단다. 뭐라고 하면 악부터 쓴다고 말이다.

"요즘 들어 아이가 너무 무서워요. 말을 하기가 무섭게 소리를 질러요. 원래 그런 아이가 아니거든요. 초등학교 때까지만 해도 와서 안기고 있는 애교, 없는 애교 다 부리던 아이가 달라져도 너무 달라졌어요. 중학교 들어가면서 좀 이상해지더니 중2가 되어서는 살벌할 정도라니까요."

"공산당이 왜 못 쳐들어오는지 모르세요? 중2 아이들 때문이래요."

"아무리 그래도 그렇지 우리 아이가 그럴 줄은 꿈에도 몰랐어요."

"그래서 제가 늘 이야기하잖아요. 꺼진 불도 다시 보자. 내 아이도 다시 보자. 아무도 모르게 슬금슬금 커져가지요. 특히 중2 아이들은 기회만 되면 자기를 드러내고 '나도 이만큼 할 수 있어' 하고 과시하죠. 부모에게는 자신을 더 부각시키기도 하고요. 또 다른 객체로서 인정받고 싶은 욕구도 숨어 있어요. 근데 웃긴 건 뭔 줄 아세요? 자기도 자기가 원하는 것이 무엇인지 알지 못한다는 거죠."

아이들은 자기가 하는 말이 무엇을 의미하는지 알지 못한다. 그냥 울컥하는 감정에 따라 자기 자신을 내어줄 뿐이다. 겉으로 드러나는 아이들의 모습만 보면 안 된다. 부모보다 친구나 제3자에게 아이들이 마음을 더 쉽게 여는 이유는 있는 모습 그대로 받아주기 때문이다. 재미있게 놀아줄 수 있는 사람, 편견없이 자기를 보아줄 수 있는 그런 사람을 아이는 찾고 있다. 비록 자기가 거짓으로 꾸며낸 세상을 말한다 할지라도 그대로 받아줄 수 있는 사람 말이다.

"엄마 아빠는 제가 말하면 무조건 의심부터 해요. 물론 제가 거짓말을 많이 해서 양치기 소년이 되었지만 그래도 가끔은 진실을 말할 때가 있거든요. 그럴 때도 믿지 못하겠다는 눈으로 쳐다보면 너무 화가 나요."

항상 다른 세상에 살고 있기만 한 것은 아니다. 때론 제 정신으로 바른 말을 할 때도 있다. 이때 분별력이 필요하다. 문제는 어느 때가 진실이고 거짓인지 알 수 없다는 것이다. 그래서 아이에 대한 정보가 필요하다. 평상시에 아이에 대한 관심을 가지고 지켜보아야 한다.

사회가 더욱 급박하게 돌아가면서 점점 가족 간의 어려움을 챙기기가 어려워졌다. 그렇다고 해서 사춘기 아이들을 챙기지 않을 수는 없다. 우선순위를 결정하는 지혜가 필요하다. 중2 정도 되면 어느 정도의 인지능력이 있다. 부모가 어떤 생각을 가지고 있는지 충분한 시간과 여유를 가지고 아이에게 말해주어야 한다. 우리 가족이 어떠한 시점에 와 있는지를 알려주자. 무엇보다도 중요한 것은 절대 화내지 않기로 굳게 마음을 먹고 아이와 대화하는 것이다. 분명 아이는 자기의 미천한 생각을 여과 없이 드러낼 것이다. 칼로 찌르듯 도려내듯 쏟아낼 수도 있다. 마음이 아플 수도 있다. 그렇지만 아파하지 않기로 굳게 마음먹어야 한다.

이제는 안전장치를 단단히 하고 번지점프를 해야 한다. 두 눈 꼭 감고 전문요원의 구령에 맞춰 뛰어내리겠다는 마음을 먹고 신호가 떨어지면 뛰어내리는 것이다. 마음속으로 수없이 연습했지만 그전까지 하지 못했던 말을 해보자. 비록 서툴고 투박한 말일지라도 그 속에 사랑이 담겨 있음을 아이는 느낄 수 있을 것이다. 한 번 뛰어내리고, 두 번 뛰어내리고 자꾸 뛰어내리다 보면 어느새 두려움은 사라진다. 하도 닭살 돋는 말을 안 하다 보니 그런 분위기와 상황을 못 견뎌할 수 있다. 어렵지만 용기 내어 아이에게 한 번 말하고, 두 번 말하고 그러면 어느덧 삶 가운데 그리도 미웠던 아이가 사랑스러운 아이로 느껴질 것이다.

아이들은 내 뱃속에서 나온 '인간'이다.
괴물은 괴물에게서 태어난다.

06

두려움을 넘어
별이 되다

늘 두려움이라는 마음과 함께 살아가는 것이 인간이다. 아무리 잘나가는 사람이라 할지라도 두려움을 안고 있다. 어떤 사람은 두려움에 끌려다니는가 하면 어떤 사람은 오히려 두려움을 원동력으로 삼아 '위너'의 삶을 살기도 한다. 사춘기 아이들도 마찬가지다. 자신을 포장하는 이유도, 거짓말을 하는 이유도, 과하게 반항하는 이유도 두려움에서 찾아볼 수 있다. 공부를 하긴 해야 하는데 친구들은 저만큼 앞서나가고 있다. 쫓아가기에는 버겁기도 하고 귀찮기도 하다. 친구들이 같이 노는 것 같은데도 자기를 앞서가니 알 수 없는 불안감이 엄습해온다. 사람의 마음을 이해하기란 보통 어려운 일이 아니다. 친구들이 떠나고 외톨이가 될까 봐 두려워한다. 학교에서의 학업과 친구들과의 대인관계에 대한 스트레스를 집에 돌아와 폭발시키기도 한다. 폭발시킬 대상을 찾지 못하면 또 다른 배출구를 만든다. 상대가 원하는 대로 자기 자신을 내어주거나 반대로 자신이 원하는 것을 또 다른 상대방에게 요구한다. 자신들의 욕망을 채우는 일을 어려서부터 어둠의 그림자로 채운다.

궁지에 몰지 말고 손을 내밀어라

학교에서는 문제를 일으킨 아이들에게 사회봉사를 시킨다. 공적인 기관에 의뢰하여 봉사 아닌 봉사를 통해 아이가 깨닫기를 바라는 마음으로 사회봉사제도를 만들었다. 그 아이들과 종종 이야기를 나눠보면 그렇게 착할 수가 없다.

"사회봉사하러 왔구나. 그래 학교에서 무슨 일이 있었던 거야?"

"네…. 담배 피다 걸렸어요."

"전 담배 피는 애들이랑 같이 있다 걸렸어요."

"그것 때문에 사회봉사 나온 거야? 그래, 담배가 맛있었던 거야?"

"저는 담배 피는 애들이랑 같이 있었던 것뿐인데 재수 없게 걸린 거예요."

"거참 이상하지. 어른들은 담배를 피면서 왜 청소년들은 피지 말라고 그러는 거니?"

"그러게 말이에요. 몸에 나쁜 건 어른이나 아이나 마찬가지 아닌가요?"

"전 사실 그냥 호기심에 펴본 거라고요."

자신이 그렇게 할 수밖에 없었던 이유를 구구절절 말한다. 나는 이미 혼 날대로 혼이 난 아이들에게 훈계조로 말하고 싶지 않았다.

아이들 말로 소위 '사봉'에 나온 애들과 이야기를 해보면 그렇게 순진할 수가 없다. 단지 그들 표현에 의하면 재수가 없어서 오게 됐단다. 어떤 아이는 친구와 싸웠는데 병원에 입원할 정도로 패주었다고 한다. 때릴 만한 이유가 있었다. 들어보니 화도 날 만하고 주먹을 쓸 만한 내용이었다. 그렇다고 폭력이 정당하다는 말은 아니다. 욱하는 마음에 주먹을 날린 것이다. 폼을 보아 하니 그렇게 잘 싸우는 아이도 아니었다. 원래 싸움을 못하는 아이가 더 큰 사고를 치는 법이다. 그 아이와 싸운 친구의 한쪽 눈이 크게 다쳤다.

대개 사회봉사를 오는 친구들을 보면 중3은 드물다. 중2가 가장 많고 그 다음이 중1이다. 그들 안에 내재되어 있던 분노가 폭발하고 마침내는 원하지 않던 일들이 일어난다. 그나마 부모가 친구처럼 대해주는 아이들은 그런 두려움을 쉽게 이겨낸다. 사고를 친 아이들은 겉으로는 세 보이고 담담한 척하지만 마음은 두려움으로 떤다. 학교의 심판에, 어른들의 배려 없는 횡포에 자기에게 닥칠 컴컴한 앞날을 알 수 없기 때문이다. 그들과 함께 희망을 노래할 누군가가 필요하다. 부모가 그 역할을 감당해야 함에도 불구하고 직무유기하는 부모가 얼마나 많은지…. 나는 중2 아이들에게 아직 네 자신을 어두움 가운데로 몰아가기에는 너무 아름답다고 말한다. 꿈을 이야기하고 그 꿈을 이루기 위해서 어떻게 나아가야 할지 이야기한다. 점심을 먹고 사회봉사 나온 아이와 잠시 이야기를 나눴다.

"가영아, 넌 꿈이 뭐야?"

"꿈 아직 없어요."

"그럼 좋아하는 게 뭐야. 좋아하는 게 있을 거 아냐? '이런 거 하면 좋겠다' 하는 것 말이야. 부모님이 '너 이거해'라고 말한 것 말고."

"저는 옷 잘 입은 사람 보면 기분이 좋아져요."

"그래. 그것도 좋겠네. 거기서부터 시작해보는 거야. 패션 디자이너, 아님 모델… 뭐 그런 것 있잖아."

옷 이야기가 나오니까 금세 얼굴이 환해진다. 친구들 옷 입은 스타일부터 시작해서 연예인들 이야기까지. 무덤덤했던 얼굴 표정이 어디로 갔는지 찾아볼 수가 없다. 아이를 행복하게 하는 일은 나의 생각과 답을 주입시키는 것이 아니라 그 아이의 생각을 확장시키는 데에 있다. 아이들을 자꾸 궁지로 몰아가지 말자.

청년시절에 갓 고등학교를 졸업하고 안산에서 아는 목사님을 도와 개척교회를 섬기던 때가 있었다. 지하에 교회를 얻은 터라 낮이고 밤이고 깜깜했다. 그 시절에는 도시에도 쥐가 많았다. 하루는 밥을 먹으려 하는데 쥐가 지나가는 것이 보였다. 카펫을 말아놓았는데 그 안으로 쥐가 들어간 것이다. '넌 이제 죽은 목숨이야.' 카펫 한쪽을 막고 쥐를 잡기 위해 손을 집어넣었다. 이리저리 손을 저으며 쥐를 잡으려는데 손끝이 못에 찔린 것처럼 아파왔다. 쥐가 문 것이다. 쥐가 물리라고는 꿈에도 생각 못했다. 궁지에 몰리면 쥐도 무는 판에 몸도 마음도 커버린 아이들이 예전과 같이 그 자리에 있을 것이라는 생각은 착각이다.

아이들은 일대일에 약하다. 중2 아이들이 떼거지로 몰려다니는 데는 이유가 있다. 외부의 적으로부터 자신을 보호하기 위해 과대 포장을 하는 것이다. 그룹 내에서 적당한 위치를 갖기 위해서는 동일한 생각과 의리가 있어야 한다. 예나 지금이나 몰려다니는 아이들의 특성은 변함이 없다. 비슷한 행동양식을 가지고 있어야만 단결된 힘을 발휘할 수 있다. 이 힘은 상대방의 견제에서 온다. 다른 언행을 보이면 함께할 수 없을 뿐만 아니라 왕따가 된다. 이것은 어느 시스템을 보나 마찬가지다. 아이들은 자기들이 살아남기 위한 본능에 충실했던 것이다. 아이들을 따로따로 흩어놓으면 당분간은 몰려다니던 습성을 유지할지 몰라도 얼마 가지 못해 자기 본연의 색깔이 드러난다. 자신이 다르게 말해도 왕따를 시키거나 뭐라고 할 무리가 없기 때문이다.

거리에서 큰 소리로 욕을 하며 지나가는 중학생들을 보면 '중2병'이라는 단어가 저절로 떠오른다. 언제부터인지는 모르겠지만 중2병이라는 말이 사회를 들쑤시고 있다. 우스갯소리인지는 모르겠지만 원시인이 살고 있을 당시 동굴 벽화에도 이렇게 적혀 있었다고 한다.

"요즘 애들은 싸가지가 없어서 어른 공경할 줄 모른다."

예나 지금이나 사춘기 아이들은 별다를 바가 없다는 것을 보여주는 말이다. 예민한 시기이고 폭발적인 에너지가 방출되는 시기인 것은 맞지만 어른들이 바라보는 시각에서 아이들을 그렇게 정의한 것은 아닐까? 외부에서 내려진 정체성 안에서 '14~15살은 그래도 돼.'라고 인식하고 행동하는 것이다. 아이들은 주변 사람이 자기를 어떻게 보느냐로 자기 자신을 정의하는 습성이 있다. 아직 온전한 인식체계와 외부에서 침입해오는 해로운 가치관에서 자신을 보호할 만한 능력이 없기 때문이다.

아이들은 자신을 표현하는 능력이 부족하다. 그러다 보니 모든 표현이 서툴다. "몰라요.", "짜증 나.", "헐." 자기들만의 언어로 말한다. 아이들이 거칠게 말하거나 행동하면 부모들은 하나같이 중2병이 들어서 그렇다고 말한다. 부모들은 아이들이 그렇게 말하고 행동할 때 다르게 알아들어야 한다.

"어. 그래. 지금 배고프구나. 조금만 기다려."

"뭐가 필요해? 딸, 필요한 게 있음 말해봐."

"너는 중2병에 걸렸어."라고 이야기하기보다는 "너는 생동감이 넘치는 살아있는 존재야."라고 말해준다면 그들은 자신의 인식을 바꾸어나갈 것이다. 한 번도 희망의 말, 축복의 말은 듣지 못하고 저주의 말, 원망의 말만 들었다면 아이들은 세상을 원망하고, 자기를 낳아준 부모를 원망하는 존재가 될 수밖에 없다.

우리 아이들은 아직 살아있다.